C. Emery

Beiträge zur Kenntniss der nordamerikanischen Ameisenfauna

C. Emery

Beiträge zur Kenntniss der nordamerikanischen Ameisenfauna

ISBN/EAN: 9783337272227

Hergestellt in Europa, USA, Kanada, Australien, Japan

Cover: Foto ©berggeist007 / pixelio.de

Weitere Bücher finden Sie auf www.hansebooks.com

Nachdruck verboten.
Uebersetzungsrecht vorbehalten.

Beiträge zur Kenntniss der nordamerikanischen Ameisenfauna.

Von
Prof. C. Emery in Bologna.

(Schluss)¹).

Hierzu Tafel 8.

Als ich den ersten Theil dieser Arbeit einsandte, hoffte ich den Rest in kurzer Zeit nachliefern zu können. Verschiedene Umstände machten eine Verzögerung des Abschlusses unumgänglich, was aber auch seine gute Seite hatte. — Einerseits wurde es dem unermüdlichen Fleiss des Herrn Pergande möglich, weiteres Material zu sammeln und einzusenden. — Andrerseits wurde mir erst vor kurzem, durch die Güte der Herren Director Geheimrath Prof. Möbius und Dr. H. Stadelmann, die Mittheilung einiger Typen Roger's aus der Sammlung des K. Museums für Naturkunde in Berlin bewilligt. Auch vom K. K. Hofmuseum in Wien erhielt ich durch Herrn Adjunct Custos A. Handlirsch einige interessante Ameisen. — Zuletzt schickte mir noch mein Freund, Herr Dr. Georg Dieck, eine Serie Ameisen, die er für mich in British Columbia gesammelt hatte.

Allen diesen Herren, sowie meinen Freunden und Fachcollegen André, Forel, Mayr und Wasmann, welche mich durch interessante Mittheilungen und Zusendung von Exemplaren mehrfach unterstützten, sage ich hier meinen aufrichtigsten Dank.

Bologna, im December 1894.

1) Siehe Zoolog. Jahrb., Bd. 7, Abth. f. Syst., p. 633.

I. Specieller Theil.

Subfamilie: **Dorylini.**

Eciton LATR.

A. Klauen der ☿☿ mit einem Zahn   [subg. *Eciton sensu str.*].

E. omnivorum OL. (nec KOLL. nec MAYR).

☿ { *Formica omnivora* OL., Encycl. meth. Insect., V. 6, p. 496 (excl. synon.) 1791.
Formica coeca LATR., Hist. nat. Fourm., p. 270, 1802.
Eciton coecum MAYR, in: Wien. Entom. Zeit., V. 5, p. 116, 1886.
Myrmica rubra BUCKLEY, in: Proc. Entom. Soc. Philadelphia 1866, p. 335. }

♂ { *Lauidus latreillei* JURINE, Nouv. Meth. etc., p. 283, 1807.
Labidus sayi HALDEM., in: STANBURY Expl. Utah, p. 366, 1852. }

Ich erhielt nur wenige ☿☿ aus Texas und 2 ♂♂ ebendaher. Durch ALFARO's Beobachtungen scheint mir bewiesen, dass *Labidus latreillei* das ♂ dieser Art ist. Sowohl ☿ wie ♂ variiren sehr bedeutend: die kleinsten ♂♂ mit schmaler, zweiter Cubitalzelle entsprechen dem Typus der Art, dessen Originalexemplar ich im Museum zu Genf gesehen habe; *L. sayi* aus Texas kommt dem Typus sehr nahe; die ♂♂ aus Costa Rica sind etwas grösser und reichlicher behaart, mit breiterer Cubitalzelle. — Es scheint mir ausser Zweifel, dass *Myrmica rubra* BUCKL. dem ☿ dieser Art entspricht.

In St. Catharina, Brasilien, erreichen die grossköpfigen ☿☿ die stärkste Entwickelung: die daselbst vorkommenden ♂♂ sind auffallend gross und entsprechen der von SHUCKARD als *L. jurinei* beschriebenen Form.

L. servillei WESTW. halte ich ebenfalls für eine Varietät des ♂ von *E. omnivorum*. Ein Exemplar aus Honduras in meiner Sammlung entspricht bezüglich der dunklen Flügel der Beschreibung ziemlich gut. Andere Stücke aus Paraguay bilden den Uebergang zu *latreillei*.

B. Klauen der ☿☿ ohne Zahn   [subg. *Acamatus* EMERY].

E. schmitti EMERY.

Bull. Soc. Entomol. ital., V. 26, p. 183, 1894.

☿ *Fusco-ferruginea, capite obscuriore, abdomine pedibusque ru-*

fescentibus, capite, thorace pedunculoque opacis, creberrime punctatis et foveolis piligeris haud confluentibus, in metanoto et pedunculo minoribus, in genis evanescentibus, in pleuris nullis, reliquo abdomine, mandibulis, scapis et pedibus nitidis; capite longiore quam latiore, occipite emarginato, angulis acutis, oculis distinctis, antennarum scapo crasso, funiculi articulis mediis paulo crassioribus quam longioribus; thoracis dorso pone mesonotum distincte depresso, pronoto antice marginato; pedunculi segmento 1. longiore quam latiore, subtus inermi, 2. postice latiore, latitudine maxima vix breviore. Long. 3—3 $^3/_4$ mm.

Doniphan, Ripley Co., Missouri, von Herrn PERGANDE erhalten.

Am nächsten mit *E. sumichrasti* MAYR verwandt, aber kleiner; Kopf etwas schmaler, hinten weniger tief ausgeschnitten, die Hinterecken daher viel weniger vorragend; das Metanotum hinten mehr gerundet. Die Sculptur ist auch viel weniger rauh, die Grübchen des Kopfes und des Thorax viel kleiner und nicht confluirend, auf den Wangen keine eigentliche Grübchen, sondern nur kleinere, haartragende Punkte.

In der citirten Arbeit habe ich diese Art nicht eigentlich beschrieben, sondern nur in die Bestimmungstabelle der *Acamatus*-Arten aufgenommen. Dasselbe gilt für *E. californicum*, subsp. *opacithorax* und *E. carolinense*.

E. sumichrasti MAYR.

Nach MAYR in Texas: sonst in Mexico und Centralamerika.

E. californicum MAYR.

Ich erhielt diese Art aus St. Francisco, Californien, von Herrn FOREL.

subsp. *opacithorax* EMERY (l. c. p. 184).

Doniphan, Ripley Co., Missouri, von Herrn PERGANDE.

Vom Typus der Species dadurch zu unterscheiden, dass das Promesonotum auf dem Rücken, wenn auch nicht sehr regelmässig, doch überall punktirt, das Metanotum sehr dicht fingerhutartig punktirt und glanzlos ist.

E. carolinense EMERY.

l. c. p. 184.

☿. *E. californico, subsp. opacithoraco, simillima, sed capite magis elongato, antennarum breviorum scapo crasso, vix ultra dimidiam longitudinem capitis producto, segmento pedunculi* 1. *haud longiore quam latiore,* 2. *transverso distinguenda.* Long. 2¹/₄ — 3 mm.

Nord-Carolina, von Herrn PERGANDE gesandt.

Die Sculptur dieser östlichsten Form unter den nordamerikanischen Arten ist ungefähr dieselbe wie bei *E. californicum,* subsp. *opacithorax;* die Art unterscheidet sich aber von letzterer hauptsächlich durch den länglicheren Kopf, die verhältnissmässig kürzeren Fühler, deren Schaft zurückgebogen, kaum über die Hälfte der Kopflänge hinausragt, sowie durch die kürzern Stielchensegmente. Dadurch steht die neue Art zum südamerikanischen *E. nitens* MAYR ungefähr in demselben Verhältniss wie *opacithorax* zu *californicum* und dürfte deswegen vielleicht richtiger als eine Subspecies von *nitens* betrachtet werden.

Myrmica coeca BUCKL (l. c. p. 339) gehört sehr wahscheinlich zur Gattung *Eciton*.

Folgende Arten wurden nach dem ♂ allein beschrieben. Ihre ♀♀ sind nicht bekannt, gehören aber vermuthlich zum Subgenus *Acamatus*[1]).

E. (Labidus) mexicanum F. SM.

E. (Labidus) subsulcatus MAYR, in: Verh. Zool. Bot. Ges. Wien, 1886, p. 440.

Aus Texas.

---

[1]) Von Herrn PERGANDE erhielt ich folgende neue Art, die ich hier beschreibe:

E. melanocephalum n. sp. — ♀. *Capite abdomineque cum pedunculo nitidis, sublaevibus, thorace opaco, creberrime punctato; capite piceo, antice rufescente, mandibulis, antennarum, flagello, pedibus et pedunculo obscurius, thorace dilutius rufo-ferrugineis, reliquo abdomine piceo; capite ovato, postice haud emarginato, oculis distinctis, mandibulis rugosis, opacis, scapo marginem occipitis fere attingente, thoracis dorso suturis indistinctis, metanoto parum depresso, postice rotundato, pedunculi segmento* 1. *vix longiore quam latiore,* 2 *praecedente parum latiore.* Long. 3—4¹/₂ mm.

Topic, Mexico.

In der Form der Körpertheile und besonders des Kopfes, dessen Hinterrand kaum ausgerandet und dessen Hinterecken abgerundet und durchaus nicht vorspringend sind, kommt diese Art dem *E. pilosum* F. SM. nahe, unterscheidet sich aber davon auf den ersten Blick durch die ganz andere Sculptur und Färbung: der Kopf zeigt ausser den

E. (Labidus) melshaemeri HALDEM.
Aus Utah beschrieben; auch in Texas.

Ebendaher.
E. (Labidus) harrisi HALDEM.

Texas.
E. (Labidus) minus E. T. CRESSON.

Texas.
E. (Labidus) nigrescens E. T. CRESSON.

Subfamilie: **Ponerini.**
Tribus: *Amblyoponii.*

Stigmatomma ROG..

S. pallipes HALD.

Typhlopone pallipes HALDEMAN, in: Proc. Acad. Philadelphia, V. 2, p. 54, 1844.
Stigmatomma serratum ROGER, in: Berlin. Entom. Zeit., V. 3 p. 251, 1859.
? *Arotropus binodosus* PROVANCHER, in: Natural. Canadien, V. 12, p. 207, 1881.

Diese Art scheint in den Oststaaten weit verbreitet, aber doch selten; wenn *Arotropus binodosus* PROV., wovon ich überzeugt bin, zur selben Art gehört, auch in Canada. Ich verdanke Herrn PERGANDE ein ♀ und ein ♂ aus Pennsylvanien.

Das ♀ ist nicht grösser als die ♀♀, ja sogar kleiner als mein grösster ♀, sonst, abgesehen von den grösseren Augen sowie der Anwesenheit der Punktaugen und der Flügel, vom ♀ nicht verschieden.

Das ♂ ist dem von FOREL beschriebenen *S. gheorgieffi* sehr ähnlich und nur in folgenden Punkten von der Beschreibung abweichend: der Clypeus hat eine grössere Zahl sehr kleiner Zähne; die Fühler sind

---

feinen, zerstreuten, haartragenden Punkten keine deutliche Sculptur, während der Thorax sehr dicht, fingerhutartig punktirt und ganz glanzlos ist; das 1. Stielchenglied ist fein punktirt, aber glänzend. Der Rücken des Thorax ist an der Grenze zwischen Meso- und Metanotum nicht sattelartig eingedrückt, sondern das Metanotum steht nur etwas tiefer als das Mesonotum, wodurch die Profillinie des Rückens etwas geschlängelt erscheint. Das 1. Stielchenglied hat vorn-unten nur einen ganz kleinen Zahn.

weniger schlank, nur das 2. Geisselglied ist mehr als doppelt so lang wie dick, die übrigen weniger als zweimal so lang wie dick; das Mesonotum ist durchaus matt, die Seiten des Thorax wenig glänzend, das Scutellum glänzend, die seitlich gerandete, flache, abschüssige Fläche des Metanotums kaum glänzend. Das Stielchen des Abdomens ziemlich grob runzlig punktirt, daher minder glänzend als die folgenden Segmente. Pechschwarz. Mundtheile, Fühler, Beine und Genitalien gelbbraun, die Schenkel etwas dunkler.

Tribus: *Ponerii*[1]).

Sysphincta Rog.

Gegen die von Mayr[2]) und Forel[3]) geäusserte Meinung muss ich diese Gattung als von *Proceratium* verschieden aufrecht halten und den von letzterem Autor angenommenen Dimorphismus bis auf weitere Beweise bestreiten. Meine Ansicht ist besonders auf die Untersuchung der nordamerikanischen Arten dieser Gattungen begründet: ausser dem von Herrn Pergande gesammelten Material liegen mir die Roger'schen Typen aus dem K. Museum für Naturkunde in Berlin sowie sämmtliche Exemplare der Coll. Mayr vor: im Ganzen 3 Species von *Proceratium* und 2 von *Sysphincta*. Nun ergiebt sich aus der Vergleichung der ♀♀, welche mir von 3 Arten bekannt sind, dass deren 2 zu *Proceratium* gehören (*P. silaceum* und *P. croceum*), 1 zu *Sysphincta* (*S. melina*). — Wollte man den von Forel behaupteten Dimorphismus gelten lassen, so müsste man weiter annehmen, dass das ♀ bei gewissen Arten *Proceratium*-artig, bei andern *Sysphincta*-artig ist, oder, dass es für jede Art nicht nur Arbeiter von zwei Formen, sondern auch noch zweierlei ganz verschiedene, geflügelte ♀♀ giebt, was bis jetzt von keiner andern Ameisenart bekannt ist.

Ich betrachte deswegen *Sysphincta* und *Proceratium* als zwei verschiedene Genera. — Das Factum, dass beiderlei Thiere beisammen gefangen wurden, mag auf andern Verhältnissen beruhen, wie gastlichem oder schmarotzendem Zusammenleben oder zufälligem Vorkommen unter einem Stein in getrennten Gängen.

---

1) Zu dieser Tribus rechne ich auch Forel's *Leptogenysii*, eine meiner Ansicht nach unnatürliche Gruppe, deren Scheidung von den *Ponerii* ich für ungerechtfertigt halte.
2) Mayr, in: Verh. Zool. Bot. Ges. Wien, 1886, p. 437.
3) Forel, in: Berliner Entom. Zeit., V. 32, 1888, p. 258.

Da ich die beiden andern von FOREL angenommenen Fälle von Dimorphismus bei *Bothroponera* (*B. bispinosa* F. SM., — *rufipes* JERD. und *B. mayri* EMERY — *excavata* EMERY) bereits früher [1]) als unbegründet zurückgewiesen habe, so kann ich heute behaupten, dass unter den Poneriden und Doryliden kein Fall von Dimorphismus des Arbeiters bekannt ist, ohne Uebergangsstufen von einer Form zur andern. Die grossäugige Form von *Ponera eduardi* FOREL [2]) halte ich für eine flügellose (ergatomorphe) Weibchenform, welche bei dieser Art wie bei *Anochetus ghilianii* normal sein dürfte. Eine ähnliche Form könnte als Ausnahme bei andern Arten der Gattung vorkommen, gerade wie bei *Odontomachus haematodes*: und in der That besitze ich 2 solche Exemplare von *Ponera coarctata* aus Sicilien, welche nicht nur grosse Netzaugen, sondern sogar Ocellen besitzen und doch den Thorax eines Arbeiters, nur mit etwas grösserm Mesonotum haben. Auch bei der grossäugigen Form von *P. eduardi* ist das Mesonotum etwas stärker als bei der kleinäugigen.

ROGER beschreibt von seiner *Ponera melina* alle drei Geschlechter. Zur Charakterisirung des ♂ habe ich als generisch wichtiges Merkmal hinzuzufügen, dass die Genitalien bei dem mir vorliegenden Originalexemplar beinahe ganz im Hinterleibe versteckt sind; das sog. Hypopygium ist klein und (wenn ich richtig gesehen habe) an der Spitze abgerundet. Das grosse 3. Hinterleibssegment ist hinten viel weniger nach unten gebogen als bei ♀ und ☿.

S. melina ROG. (Taf. 8, Fig. 1, 2, 3).

Ponera melina ROGER, in: Berlin. Entomol. Zeit., V. 4, p. 291, 1860.

Ich kenne nur die typischen Exemplare aus Carolina. Die Beschreibung des ☿ ist zu berichtigen, insofern das letzte Glied der Fühler nicht länger ist als die drei vorhergehenden zusammengenommen und der Thorax seitlich durchaus nicht gerandet. ROGER's Irrthum lässt sich dadurch erklären, dass das Exemplar früher von der Seite, also quer gespiesst gewesen war und später von der Nadel abgenommen und geklebt wurde. Durch dass Spiessen wurde die Form des Thorax alterirt und der Schein scharfer Seitenränder erzeugt. Das Profilbild wird das Erkennen der Species erleichtern.

---

1) EMERY in: Ann. Mus. Civ. Genova, V. 27, 1889, p. 495; Rev. Suisse zool., V. 1, p. 201, 1893.
2) FOREL, in: Bull. Soc. Vaudoise Sc. N., V. 30, 1894.

S. pergandei n. sp. (Taf. 8, Fig. 4).

⚥. *Testacea; clypei lateribus laminisque frontalibus nigricantibus, funiculi basi fuscescente; pube flavescente copiose et pilis erectis vestita; capite, thorace et abdominis segmentis pedunculari et sequente opacis, confertissime ruguloso-punctatis, segmento 3. subnitido, minus confertim punctato. Caput subquadratum, angulis rotundatis, oculis minutissimis, sed distinctis, genis antice cum carinula brevissima, mandibulis striatis et disperse punctatis, margine masticatorio valde obliquo, 5 dentato, dentibus apicalibus longioribus, acutis, antennarum scapo modice incrasato, marginem capitis posticum non attingente, flagello filiformi, versus apicem parum incrassato, articulis 2—10 parum crassioribus quam longioribus, ultimo 3 praecedentibus una parum breviore. Thorax dorso convexo, dentibus metanoti, obsoletis, parte declivi concava, nitida, margine acuto undique circumscripta. Abdominis segmentum petiolare subglobosum, subtus denticulo spiniformi, 2. campaniforme, 3. praecedente vix latius sed duplo longius, apice fere usque ad dimidiam ipsius longitudinem inferius et antrorsum reflexum. Long. 4—4¹/₄ mm.*

Aus Pennsylvanien und D. Columbia von Herrn PERGANDE erhalten.

Steht dem ⚥ von *S. melina* sehr nahe, unterscheidet sich aber wesentlich davon durch den niedrigeren Petiolusknoten, das viel weiter nach vorn gebogene Hinterende des 3. Segments des Abdomens und die ganz stumpfen Zähne des Metanotums. Auch ist *S. pergandei* eine grössere Art.

Proceratium ROG.

In Nordamerika ist diese Gattung durch 3 Arten vertreten, welche unter einander sehr nahe verwandt sind, aber hauptsächlich durch die Bildung des Stielchens und der Fühler sowie durch die Körpergrösse unterschieden werden können. — Von 2 Arten kenne ich die ♀♀, welche der allgemein bei Poneriden geltenden Regel gemäss eine dünnere und höhere Stielchenschuppe haben als die betreffenden ⚥⚥ und durchaus keine Aehnlichkeit mit *Sysphincta* aufweisen: im Gegentheil weichen sie durch ein solches Stielchen noch mehr von dieser Gattung ab als die ⚥⚥.

P. croceum ROG. (Taf. 8, Fig. 5, 6).

Von dieser Art liegen mir ausser dem Originalexemplar ROGER's (♀) ein ⚥ aus Texas und ein ♀ ohne Fundortsangabe, beide aus der Coll. MAYR, vor.

Der ⚥ ist 3³/₄ mm lang, das ♀ beinahe 5 mm. Die Schuppe ist viel dicker als bei den andern Arten, beim ⚥ oben etwas dicker, als ihre hintere Fläche hoch ist, beim ♀ etwas weniger dick. Die Fühlergeissel ist länger und weniger dick als bei den andern Arten, die vorletzten Glieder beim ⚥ kaum, beim ♀ nur wenig dicker als lang, das Endglied beim ⚥ wenig länger als die 3 vorhergehenden zusammen, beim ♀ etwas kürzer.

P. silaceum Rog. (Taf. 8, Fig. 7, 8).

Dem mir vorliegenden Originalexemplar fehlt jetzt der Hinterleib sammt dem Stielchen. Nach den noch vorhandnen Theilen bestimme ich als zu dieser Art gehörig 3 ⚥⚥ aus Beatty, Pennsylvanien, von Herrn Pergande gesandt. Zur selben Species gehört ein ♀, ebenfalls aus Pennsylvanien, in Coll. Mayr.

⚥ 2³/₄ mm lang; ♀ 3²/₃ mm. Hintere Fläche der Stielchenschuppe beim ♀ reichlich 1¹/₂ mal so hoch wie der Oberrand dick ist; beim ⚥ ist die Schuppe verhältnissmässig dicker, aber doch viel dünner als bei *croceum*. Die Fühler sind dicker, die vorletzten Geisselglieder deutlich dicker als lang, das Endglied beim ⚥ etwa so lang wie die 4 vorhergehenden zusammen, beim ♀ wenig länger als die 3 vorhergehenden. Die Mandibeln haben ca. 8 Zähne, die basalen sehr klein, die 3—4 letzten gross und spitz. Im Roger'schen Typus sind letztere abgenutzt; Spuren der Abnutzung bemerke ich auch an meinen Exemplaren. Das 2. Hinterleibssegment ist runzlig punktirt, aber ziemlich glänzend, das 3. viel weitläufiger und feiner punktirt, stark glänzend.

P. crassicorne n. sp. (Taf. 8, Fig. 9).

⚥. *Praecedenti simillima, sed minor, pedunculi squama crassiore, atque antennis validioribus, articulis flagelli 5—8 fere dimidio crassioribus quam longioribus, articulo ultimo praecedentibus 4 una longiore agnoscenda. Long.* 2¹/₃ *mm.*

Als Typus dieser Art betrachte ich Exemplare aus D. Columbia, von Herrn Pergande gesammelt; eines derselben wurde zusammen mit *Sysphincta pergandei* gefunden. Bei diesen ⚥ ist auf dem Thorax die Punktirung feiner, die Zwischenräume der Punkte zwar etwas uneben, aber ohne deutliche Querrunzeln, die Pubescenz äusserst kurz und sehr anliegend.

var. *vestitum* n. var.

♀♀ aus Charlton Heights, Maryland, zeichnen sich durch etwas verschiedene Sculptur und Pubescenz aus. Am Thorax sind die Punkte gröber und weniger dicht als beim Typus der Art; zwischen denselben finden sich feine, quere Runzeln, welche diesen Körpertheil quergestreift erscheinen lassen. Die Pubescenz ist viel länger, nicht so reichlich und schief abstehend. Am 2. Abdominalsegment (1. nach dem Stielchen) sind die Punkte und Pubescenz gleichfalls weniger dicht, dieses Segment dadurch glänzender. Ich besitze nur 1 Exemplar, aber Herr Pergande schreibt mir, dass alle an jenem Orte gesammelten Stücke ebenso beschaffen sind. Sonst wie beim Typus.

Die Formenverhältnisse dieser drei Arten mögen durch die Bilder erläutert werden.

Discothyrea Rog.

D. testacea Rog.

Aus Nordamerika beschrieben. — Ich kenne eine neue Species aus Neu-Seeland [1]).

Pachycondyla F. Sm.

P. harpax Fab.

Ponera amplinoda Buckl., l. c. p. 471.

Von dieser in Südamerika und Mexico verbreiteten Art erhielt ich vom Musée Royal de Belgique einige ♀♀ aus Houston, Texas. — Die Beschreibung der *P. amplinoda* Buckl. passt auf dieselben gut.

Ponera Latr.

P. gilva Rog. (Taf. 8, Fig 10).

Von dieser Art liegen mir zwei typische ♀♀ aus dem Berliner

---

1) *Discothyrea antarctica* n. sp. — ☿. Testacea, subtilissime et tenuissime pubescens, pilis erectis omnino destituta, thorace superne convexo, haud marginato, metanoti pagina declivi subplana, marginata, superne utrinque dente minute, obtuso. Long. 2 mm.

Neu-Seeland, Nordinsel; von Capt. Broun gesammelt und mir von Herrn W. W. Smith zugesandt. — Die neue Art unterscheidet sich von der nordamerikanischen durch die bedeutendere Grösse und den seitlich nicht gerandeten Thoraxrücken. Roger's Beschreibung ist zu kurz, um eine genauere Vergleichung der beiden Arten zu gestatten. Ich werde an anderm Ort eine Abbildung geben.

Museum vor. In der Gestalt der Körpertheile ist sie am nächsten mit der südeuropäischen *P. ochracea* MAYR verwandt. Der Thorax ist aber in seiner Vorderhälfte mehr glanzlos, die Farbe viel dunkler. Die abschüssige Fläche des Metanotums ist zwar nicht senkrecht, wie ROGER angiebt, aber doch sehr steil abfallend, stark glänzend, etwas ausgehöhlt und in ihrer oberen Hälfte mit einem ziemlich scharfen, erhabenen Seitenrand versehen. Die Mandibeln haben 7 spitze Zähne, welche nach vorn an Grösse zunehmen; sie sind glänzend, nur an der Basis aussen gestrichelt. Der Fühlerschaft erreicht beinahe den Hinterhauptsrand. Augen sehr klein, punktförmig [1]). — Von den übrigen nordamerikanischen Arten durch die steile hintere Fläche des Metanotums und die dicke Schuppe zu unterscheiden. Sie ist auch grösser als *P. coarctata*.

P. opaciceps MAYR.

Einige ☿☿ aus Texas von Herrn PERGANDE scheinen mir vom brasilianischen Typus nicht verschieden.

P. coarctata LATR. subsp. *pennsylvanica* BUCKL.

P. contracta MAYR, in: Verh. Zool. Bot. Ges. Wien, 1886, p. 438.
P. pennsylvanica BUCKLEY l. c. p. 171, 1866.

Da mir aus den Central- und Oststaaten der Union nur eine *Ponera*-Art vorgelegen hat und die Beschreibung BUCKLEY's auf dieselbe gut passt, so zweifle ich nicht, dass ich letztere richtig gedeutet habe.

Beim ☿ der amerikanischen Form ist die Stielchenschuppe etwas dicker und viel breiter als beim europäischen Typus, nach vorn auch weniger verschmälert. Die Punktirung ist auf dem Kopf etwas feiner, auf dem Thorax und Stielchen viel deutlicher und dichter, wesshalb diese Theile ziemlich glanzlos erscheinen, besonders wenn die Pubescenz gut erhalten ist. Die Farbe variirt nicht unbedeutend; einige Exemplare sind ganz röthlichgelb mit etwas dunklerm Kopf und Hinterleib; andre dunkelbraun mit röthlichen Gliedmaassen.

Das ♀ lässt sich durch ähnliche Merkmale vom europäischen ♀ unterscheiden. Die Schuppe ist etwas dünner als beim ☿. Ich habe nur entflügelte Exemplare gesehen.

---

[1]) Ich habe ehemals angegeben, dass *P. ochracea* MAYR ☿ keine Augen hat. Bei 2 kleinern ☿☿ aus Neapel und Sicilien finde ich an der Stelle der Augen nur ein kleines Grübchen. Ein etwas grösseres Exemplar aus Corsica hat ganz kleine Augen mit 4—5 Facetten.

Das ♂ gleicht dem europäischen sehr; in den Flügeln verbindet sich aber die Costa recurrens etwas weiter von der Gabelung mit dem hintern Ast der Costa cubitalis, ungefähr wie bei der europäischen *P. punctatissima*.

Mir liegen Exemplare von D. Columbia, Pennsylvanien, N. Jersey, Virginia, Maryland, Mississippi und Florida vor. — Ein ♀ aus Ohio von Herrn DIECK ist etwas grösser und mit breiterer Stielchenschuppe, dabei auch gröber punktirt.

P. trigona MAYR var. *opacior* FOREL.

Los Angeles, Californien; einige ♀♀ und 2 ♂♂ von Herrn PERGANDE. Erstere sind den ♀♀ aus S. Thomas ganz gleich. Letztere sind den geflügelten ♂♂ jener Form aus Neapel, welche bis jetzt zu *P. punctatissima* ROG. gezogen wurde, ausserordentlich ähnlich und von denselben überhaupt nicht zu unterscheiden. Form des Kopfes und der Schuppe, Sculptur, spitzenloses Pygidium, Flügelgeäder ganz gleich.

Leptogenys ROG.

L. septentrionalis MAYR.

Lobopelta septentrionalis MAYR, in: Verh. Zool. Bot. Ges. Wien, 1886, p. 438.

MAYR beschreibt diese Art aus D. Columbia; ich erhielt 2 ♀♀ aus Colorado von Herrn E. T. CRESSON. Vielleicht ist *Ponera texana* BUCKL. auf dieselbe Art zu beziehen. Die Beschreibung passt darauf ziemlich gut bis auf den Satz: „A prolongation of the carina of the clypeus extends back to near the vertex."

Auch *Ponera elongata* BUCKL. dürfte eine *Leptogenys* sein.

Von einer unbestimmten Art dieser Gattung besitze ich einige gelbe ♂♂ aus Texas.

Tribus: *Odontomachii*.

Odontomachus LATR.

O. haematodes L. subsp. *insularis* GUÉR.

Odontomachus texanus BUCKL. l. c. p. 335.
Atta brunnea PATTON, in: Amer. Nat., 1894, p. 618.

Das einzige mir vorliegende Exemplar aus Florida wurde mir

von Herrn FOREL zugesandt. Es gehört zur subsp. *insularis* GUÉR.
— Nach MAYR auch in Georgia und Texas.

O. clarus ROG.

Atta clara PATTON l. c. p. 619.

Texas: in meiner Sammlung von Herrn R. OBERTHÜR.

Nach der Beschreibung ist nicht mit Sicherheit zu ermitteln, zu welcher dieser Arten *O. texanus* BUCKL. gehört: meiner Ansicht nach wahrscheinlich zu *haematodes* und wegen der geringen Körpergrösse wohl auch zur subsp. *insularis*. — Neuerdings hat PATTON (in: Amer. Naturalist, July 1894, p. 618—619) unter dem Namen *Atta brunnea* (ROGER) den *O. haematodes* und als *Atta clara* PATTON den *O. clarus* aus S. Georgien aufgeführt. Bekanntlich hat ROGER niemals eine Ameise mit dem Namen „*Atta brunnea*" belegt.

Subfamilie: **Myrmicini**.

Tribus: *Pseudomyrmii*.

Pseudomyrma GUÉR.

P. pallida F. SM.

Florida.

P. flavidula F. SM.

Ein Exemplar aus Key West, Florida, scheint mir zu dieser durch gelbe Farbe mit einem Paar schwarzen Flecken an der Basis des Hinterleibes, sowie durch den schwach eingedrückten Thorax charakterisirten Art zu gehören, wobei ich bemerke, dass in Südamerika mehrere derart gefärbte, unter einander nahe verwandte Formen vorkommen, welche einer genauern Revision sehr bedürfen. Ich bin auch nicht sicher, ob diese Ameise von der vorigen specifisch verschieden ist.

P. elongata MAYR.

Key West, Florida, von Herrn PERGANDE; MAYR beschrieb sie aus Neu Granada.

P. brunea F. SM.

Haw Creek, Volusia Co., Florida, von Herrn PERGANDE.

Ich glaube nicht zu irren, wenn ich die mir vorliegenden ⚥⚥ auf diese aus Mexico beschriebene Art beziehe; ich erhielt dieselbe auch von Costa Rica und Nicaragua. — Der ⚥ ist besonders charakterisirt durch das vorn auffallend gestielte 2. Segment des Hinterleibsstielchens, wie SMITH in der Beschreibung erwähnt. Der Kopf ist wenig länger als breit, die Kopfseiten gebogen, die Hinterecken abgerundet, die Augen flach, etwa halb so lang wie der Kopf; die Fühler sind kurz, ihre mittlern Glieder nicht länger als dick. Der Thoraxrücken ist vor dem Metanotum stark eingedrückt; Pronotum durchaus nicht gerandet, Mesonotum scheibenförmig, gewölbt, Metanotum abgerundet. Der Umriss des 1. Stielchengliedes ist, von der Seite betrachtet, oben vorn gerade oder schwach concav, hinten gewölbt; von oben gesehen, länglich oval, vorn halsartig verlängert. Das 2. Segment ist breiter als lang, conisch, hinten abgerundet; vorn deutlicher als bei den meisten Arten halsartig ausgezogen. Das ganze Thier ist glänzend, Kopf und Abdomen stärker als der Thorax, Metanotum ziemlich matt. Aeusserst fein genetzt-punktirt, auf dem Thorax schärfer. Anliegende Pubescenz nur an den Gliedern und am Abdomen sichtbar; nur sehr wenige Borsten. Farbe rothbraun, Kopf, Metathorax und Beine dunkler, Abdomen pechbraun; Mandibeln, Fühler und Tarsen gelb; der ⚥ aus Costa Rica ist noch dunkler. Länge $3-3^{1}/_{2}$ mm.

Beim ♀ (aus Costa Rica) ist der Kopf länglicher, seine Seiten gerade, parallel, die Augen grösser; das 2. Stielchenglied ist mehr abgerundet, weniger deutlich gestielt. Länge $4^{1}/_{2}$ mm. Die Flügel sind gelblich mit braunem Stigma.

P. sp. ?

Ausser den vorigen Arten besitze ich einen ⚥ von Mariposa, Californien, welcher einer wahrscheinlich neuen Art angehört: der *P. pallens* MAYR sehr ähnlich, aber durch länglicheren Kopf und im Verhältniss kleinere Augen unterschieden.

Ponera lincecumi BUCKL. aus Texas gehört ohne Zweifel zur Gattung *Pseudomyrma*. Die Beschreibung passt auf keine mir bekannte Art. — Wegen *Atta lincecumi* BUCKL. siehe unten bei *Solenopsis geminata*.

Tribus: *Myrmicii*[1]).
Myrmecina Curtis.

M. latreillei Curt. subsp. *americana* n. subsp.

Die mir vorliegenden amerikanischen ☿☿ dieser Art sind den europäischen gegenüber durch den Clypeus ausgezeichnet, welcher, wie Mayr bereits bemerkte, kaum eine Spur des Mittelkieles und viel schwächere Zähne am Vorderrande hat. Die Zähne an der Basis des Metanotums sind stark und spitz. — Bei den Exemplaren, die ich als Typus der Unterart betrachte, sind letztere beinahe so lang wie an der Basis breit; die Dornen desselben Segments sind lang und gegen die Spitze auffallend dünn und nach oben und aussen gekrümmt. Mir liegen von dieser Form nur ☿☿ aus D. Columbia vor, welche wie die gewöhnlichen europäischen Exemplare gefärbt sind.

var. *brevispinosa* n. var.

Als solche bezeichne ich eine Form aus D. Columbia, welche an ihrer geringen Grösse und kurzen Metanotumdornen zu erkennen ist. Farbe meist heller: hellbräunlich-gelb, Scheitel, Hinterkopf, Rücken des Thorax, Stielchen und Hinterleib gebräunt, manchmal dagegen ebenso dunkel wie der Typus. Basalzähne des Metanotums ein wenig kleiner; Dornen viel kürzer, dreieckig, nicht oder wenig länger als an der Basis breit, nicht gekrümmt. — ☿ $2^1/_2$ mm lang; ♀ $3^1/_2$ mm lang.

Zwei ☿☿ aus N. York und Pennsylvanien sind grösser und sehr dunkel. Hierher auch je ein ☿ und ein ♀ aus Carolina im Berliner Museum. Ein ♂, ebendaher, ist dem ♂ von Europa sehr ähnlich, durch die ganz hellgelben Fühler, die hellern Beine und die schärfere Sculptur des Scutellums und der Stielchenglieder unterschieden.

Formicoxenus Mayr.

F. nitidulus Nyl.

Das k. k. naturhistorische Hof-Museum in Wien erhielt durch Herrn Plason einige ☿☿-Exemplare dieser Art mit dem Zettel „Rocky Mountains". Trotz sorgfältigster Vergleichung mit europäischen Stücken konnte ich keinen Unterschied finden; es sind grössere ☿☿,

---
[1]) Ich begreife unter diesem Namen vorläufig die *Myrmicii*, *Cremastogastrii*, *Solenopsisii* und *Formicoxenii* Forel's, deren Trennung, meiner Ansicht nach, z. Th. auf oberflächlichen und werthlosen Charakteren beruht.

deren 2. Stielchensegment etwas breiter und schärfer punktirt ist als bei ♀♀ aus Schweden, aber gerade in dieser Beziehung mit grössern ♀♀ aus Frankreich übereinstimmend. Welche Form von *Formica* in N. Amerika den *Formicoxenus* bewirthet, ist nicht bekannt.

Tomognathus MAYR.

T. americanus n. sp.

☿. Picea, pilosa et microscopice pubescens, capite thoraceque creberrime reticulato-punctatis, illius dimidio postico et fronte tamen laevioribus, nitidulis, clypeo laevi, nitido, medio depresso et late emarginato, mandibularum margine masticatorio dente apicali valido, aliisque 3—4 brevibus, obtusis armato, antennarum flagelli articulo 1. tribus sequentibus paulo breviore, 2—6 transversis; thorace versus metanoti basin depresso, sutura tamen non impressa, spinis brevibus, rectis, divergentibus; abdominis nitidissimi pedunculo punctulato, segmento 1. antice breviter petiolato, postice cum nodo squamiformi, 2. transverse ovato, praecedente fere duplo latiore, subtus mutico, scapis et pedibus sine pilis erectis. Long. $2^1/_2$—$2^3/_4$ mm.

Washington D. C., im Neste von *Leptothorax curvispinosus* MAYR von Herrn PERGANDE gefunden. Ein Exemplar aus Beatty, Pennsylvanien, ohne weitere Angabe.

Von der europäischen Art unterscheidet sich diese Art hauptsächlich durch die geringere Grösse, die dunkle Farbe, die nicht gestreifte Stirn, die viel dünnern Dornen des Metanotums und das 2. Stielglied, welches unten keinen Dorn hat.

Epoecus EMERY.

In: Ann. Soc. Entom. France, V. 61, C. R., p. CCLXXVI, 1892.

♀. Der Clypeus setzt sich zwischen den Fühleransätzen fort; er ist vorn in der Mitte eingedrückt und zweizähnig; das Stirnfeld ist schmal, vertieft, die Stirnleisten kurz, die Stirn in der Mitte mit flachem Eindruck. Die Mandibeln sind schmal, am Ende mit 3 kleinen Zähnen. Maxillartaster 1gliedrig, Lippentaster 2gliedrig. Die Fühler sind meist 12gliedrig, seltner 11gliedrig; der Schaft ist lang und dünn, das 1. Geisselglied von bedeutender Länge, das 2. bei 12gliedrigen Fühlern etwas länger als das 3., bei 11gliedrigen Fühlern fast doppelt so lang (es entspricht dann zwei verschmolzenen Gliedern); die Keule ist schlank, 3gliedrig, das letzte Glied am längsten, das viertletzte Glied deutlich länger als das vorhergehende, aber viel kleiner als das folgende. Der Thorax ist lang und nicht hoch, das Mesonotum vorn etwas bucklig, das Metanotum unbewehrt. Am Hinterleibsstielchen ist das 1. Segment vorn stielartig verengt, oben mit einem schuppenartigen Knoten, das 2. quer, unten mit stumpfem Zahn. Hintere Beine ohne Sporen. Flügel mit einer geschlossenen Cubitalzelle; die Querader verbindet sich mit der Cubitalader an der Theilungsstelle; keine Discoidalzelle.

♂. Clypeus und Stirnfeld wie beim ♀; Mandibeln schmal, spitzig. Fühlerschaft etwas kürzer als beim ♀; bei 2 Exemplaren fand ich die Fühler 12gliedrig, bei einem nur 11gliedrig, die Keule auffallend schlank. Thorax ohne Parapsidenfurchen. Hinterleibsstielchen wie beim ♀.

☿. Unbekannt, wahrscheinlich nicht vorhanden.

Die Bildung des Clypeus, der Mandibeln und der Fühler, deren Keule nur wenig verdickt ist, erinnern an das ♀ von *Anergates*, obschon der Habitus sehr verschieden ist. — Sehr auffallend ist die Aehnlichkeit des ♀ und des ♂ unter einander, sogar die Zahl der Fühlerglieder ist in beiden Geschlechtern die gleiche. ♂ und ♀ unterscheiden sich hauptsächlich an dem etwas kürzern Fühlerschaft der erstern und an den Genitalien, welche beim ♂ aus der Hinterleibsspitze hervorragen.

In meiner vorläufigen Diagnose habe ich die Fühler beim ♀ als 11gliedrig beschrieben, wie sie zufällig beim untersuchten Exemplar sich vorfanden. Am Exemplar, dessen Kopf ich zur Untersuchung der Mundtheile zergliederte, waren beide Fühler 12gliedrig, aber rechts das 3. Geisselglied sehr klein und nur auf einer Seite der Geissel deutlich.

E. pergandei n. sp. (Taf. 8, Fig. 11, 12).

♀. *Fusco-picea, mandibulis, antennis, pedibus et abdominis petiolo testaceis, nitida, disperse punctata, punctis profundis piligeris, abdomine nitidissimo, fere impunctato, pilis longis hirta, haud pubescens, antennis et pedibus haud pilosis. Long.* 2—2$^1/_5$ *mm. Alae hyalinae stigmate testaceo, costis dilutioribus.*

♂. *Feminae simillimus et similiter sculptus, coloratus et pilosus. Long.* 2 *mm.*

Die Abbildungen werden zur ausführlicheren Darstellung der Körperform genügen. Die Sculptur besteht aus zerstreuten, tiefen Punkten, aus welchen je ein langes Haar entspringt. Fühler und Beine sind reichlich abstehend behaart. Die Bildung des Kopfes und des Thorax ist in beiden Geschlechtern beinahe gleich.

Diese Art wurde von Herrn PERGANDE nur einmal im Neste von *Monomorium minutum* var. *minimum* gefunden. In demselben Neste waren auch geflügelte ♀♀ und ♂♂ von *Monomorium* vorhanden. Als beide Arten zusammen in eine Glasröhre gesteckt wurden, begannen die *Epoecus*-♀♀ die *Monomorium*-♂♂ anzugreifen und tödteten einige davon. Es gelang nicht, ☿☿ von *Epoecus* zu finden; wahrscheinlich existiren solche nicht. Diese Ameise würde sich also in ihrer Lebensweise dem europäischen *Anergates* anschliessen.

Monomorium MAYR.

M. minutum MAYR var. *minimum* BUCKL.

Myrmica minima BUCKLEY, in: Proc. Ent. Soc. Philadelphia, 1866, p. 338.
M. atra BUCKLEY, ibid., p. 342.

MAYR erwähnt diese Art aus N. York, Pennsylvanien, D. Columbia, Virginia, Florida, Colorado, und ich erhielt sie in allen drei Geschlechtern von Herrn PERGANDE aus D. Columbia. Es unterliegt für mich keinem Zweifel, dass BUCKLEY's *Myrmica minima* die nordamerikanische Form von *Monomorium minutum* ist. Ein sehr kleines ♀ derselben Ameise hat BUCKLEY als *M. atra* ☿ beschrieben.

Der ☿ dieser Varietät ist durch die sehr dunkle Farbe, die Grösse (fast 2 mm) und die starke Einschnürung zwischen Mesonotum und Metanotum der atlantischen (var. *carbonarium* F. SM.) und der westindisch-centralamerikanischen (var. *ebeninum* FOREL) Form ähnlich, unterscheidet sich aber von letzterer durch das mehr abgerundete, nicht oder sehr undeutlich zweihöckrige Metanotum; von beiden durch das viel undeutlicher gestielte, mit dickerm, auf dem Profil dreieckigem Knoten versehene 1. Stielchenglied.

Das ♀ ist kräftig gebaut, etwas heller gefärbt, der Thorax etwas breiter als der Kopf; Stielchenprofil ungefähr wie beim ☿, die Knoten kräftig, quer, 2. Segment mindestens $1^{1}/_{2}$ mal so breit wie lang, an den Seiten runzlig punktirt. Länge $4^{1}/_{2}$—5 mm. Andre ♀ aus N. York sind bedeutend kleiner, mit schmalerm Thorax, der sogar etwas schmäler ist, als der Kopf erscheint, und minder breiten Stielchenknoten (das ♀ von var. *carbonarium* aus Azores hat einen auffallend schmalen Thorax und viel weniger breite Knoten als die eben erwähnten N. Yorker Stücke).

Das ♂ ist $3^{1}/_{2}$—$4^{1}/_{2}$ mm lang. Am Thorax sind Pronotum, hinterer Theil (abschüssige Fläche) des Metanotums und ein Theil der Pleuren ziemlich glatt und glänzend; der Rest gestreift. Da mir

Exemplare von andern Varietäten zur Vergleichung fehlen, kann ich unterscheidende Merkmale, die aus den Beschreibungen nicht erkennbar sind, nicht angeben.

Im Neste dieser Art fand Herr PERGANDE zwei Arten von Gastameisen, nämlich *Epoecus pergandei* und *Leptothorax* (*Dichothorax*) *pergandei*.

M. floricola JERD.

Atta floricola JERDON, in: Madras Journ. etc., V. 17, p. 106, 1851.
Monomorium poecilum ROGER, in: Berlin. Ent. Zeit., V. 7, p. 199, 1863.
Monomorium speculare MAYR, in: Sitzber. Akad. Wien, V. 53, p. 509, 1866.

In Florida von Herrn PERGANDE gesammelt. Sonst in Westindien und Südamerika; diese jetzt in den Tropen weit verbreitete Art ist wahrscheinlich aus Ostindien importirt.

Zur Synonymie dieser Art ist auch *M. poecilum* ROG. zu rechnen, dessen Beschreibung darauf vorzüglich passt.

M. pharaonis L.

In Nordamerika ist diese kosmopolitische Art mehrfach gefunden worden: in wärmern Gegenden im Freien, sonst (z. B. in Washington) als Hausameise. Gewiss eine eingeführte Art, deren ursprüngliche Heimat wahrscheinlich im ostindischen Gebiet zu suchen ist.

Myrmica molesta SAY und *minuta* SAY gehören, wie ich unten beweisen werde, nicht zu dieser Art, sondern zur Gattung *Solenopsis*.

Sehr wahrscheinlich wird das in Westindien und in einem grossen Theil der Tropenwelt verbreitete (aus Ostindien eingeführte) *M. destructor* JERD. auch in den südlichen Staaten der Union gefunden werden.

Xenomyrmex FOREL.

X. stolli FOREL, subsp. *floridanus* n. subsp.

Der ☿ dieser Unterart unterscheidet sich vom Typus aus Guatemala nur durch seine geringere Grösse (1³/₄ bis fast 2 mm), seinen schmalern Kopf, dessen Seiten mehr parallel und minder gebogen sind, und durch die Färbung. Kopf und Thorax sind rostbraun, der Hinterleib schwärzlich, Stielchen, Beine und Fühler mehr oder weniger gelblich; das letzte Glied der Keule gebräunt.

In Florida von Herrn PERGANDE mit dem Zettel „Lake Worth, June 5., 87, in twig of Xyderoxylon masticodendron".

Ein nicht sehr gut erhaltenes ♂ gleicher Herkunft mit gleichlautendem Zettel scheint hierher zu gehören, aber, wie mir Herr PERGANDE schreibt, ist er nicht sicher, dass es aus demselben Neste stammt. Die winzige Grösse und die 12gliedrigen Fühler machen es sehr wahrscheinlich. — Der Kopf ist kurz, die Augen weit nach vorn gerückt; die Mandibeln sind klein, schief gestutzt, der Clypeus gewölbt, unbewehrt. An den Fühlern ist der Schaft cylindrisch, dünn, so lang wie die beiden folgenden Glieder zusammen; das 1. Geisselglied ist kaum dicker als der Schaft, kuglig; die folgenden viel dicker, ungefähr so lang wie dick; die 4 letzten länger, das letzte beinahe so lang wie die beiden vorhergehenden zusammen. Der Thorax ist unglücklicher Weise etwas gedrückt, er scheint eine Spur von Parapsidenfurchen darzubieten. Das Stielchen ist dem des ☿ ähnlich; der Hinterleib ist keulenförmig; die Geschlechtsorgane sehr klein. Die Flügel sind beschädigt; sie scheinen ein sehr reducirtes Geäder zu haben. Länge $1^3/_4$ mm.

Solenopsis WESTW.

S. geminata FAB.

Ausser den bereits von MAYR in der Synonymie dieser Art aufgeführten Namen scheinen mir von den BUCKLEY'schen noch *Myrmica saxicola*, *M. sabeana* und *Atta brasoensis* hierher zu gehören; auch *A. lincecumi*, welche MAYR als *Pseudomyrma* deutet, passt viel besser auf *S. geminata*: offenbar gehörte das von MAYR untersuchte typische Exemplar nicht zu *Atta lincecumi*, sondern zu *Ponera lincecumi*, welche nach der Beschreibung wohl eine *Pseudomyrma* sein dürfte.

Diese kosmopolitische Art bietet in ihrem grossen Verbreitungsbezirk sehr bedeutende Variationen dar, und es liessen sich in Südamerika mehrere Formen unterscheiden. Deswegen wäre eine Revision der Gruppe auf Grund von typischen Exemplaren der gewöhnlich als Synonymie aufgeführten Formen sehr wünschenswerth. Es wäre ja nicht unmöglich, dass einige derselben als besondere Species betrachtet werden müssten, denn es sind mir mit *S. geminata* nahe verwandte, aber specifisch verschiedene Formen schon bekannt geworden. Leider fehlt mir gegenwärtig das zu einer solchen Arbeit nöthige Typen-Material. — Ich will indessen nicht unbemerkt lassen, dass die Beschreibung und Abbildung von WESTWOOD'S *S mandibularis* auf keine mir bekannte amerikanische Form passt, wohl aber auf ostindische, welche durch das zweihöckrige Metanotum von den westlichen stark abweichen.

S. geminata ist in den südlichsten Staaten der Union ziemlich verbreitet. Die nordamerikanischen Exemplare des ⚥ gehören meist einer ganz hellen Form mit ziemlich dickem 1. Stielchenknoten an, welche der *Myrmica saevissima* F. Sm. entspricht. Solche Exemplare liegen mir vor aus Californien (Colorado desert), Louisiana und Florida. ⚥⚥ aus Texas sind manchmal dunkler und gehen dadurch zur typischen Form, wie sie von Fabricius beschrieben wurde, über. Sie entsprechen der von Mc Cook als *S. xyloni* beschriebenen Varietät.

S. molesta Say.

Myrmica molesta Say, in: Boston. Journ. N. hist., V. 1, 1836, p. 293.
? *Myrmica minuta* Say, ibid. p. 294.
Myrmica exigua Buckley, in: Proc. Entom. Soc. Philadelphia, 1866, p. 342.
Solenopsis debilis Mayr, in: Verh. Z. B. Ges. Wien, 1886, p. 461.

Laut brieflichen Mittheilungen von Herrn Pergande ist *S. debilis* Mayr in Washington eine häufige Hausameise [1]); da übrigens die von Say gegebene Beschreibung des ♀ von *Myrmica molesta* besser auf eine *Solenopsis* als auf ein *Monomorium* passt, so muss ich die Ansicht meines Correspondenten theilen, dass Say jene *Solenopsis* und nicht *Monomorium pharaonis* vor sich hatte. Erstere ist in N. Amerika einheimisch, während letzteres durch den Handel, wahrscheinlich aus Ostindien, importirt ist und vor 60 Jahren, als Say schrieb, wohl nicht so allgemein verbreitet war wie jetzt. — Sehr wahrscheinlich gehört auch *M. minuta* Say hierher; die Grössenangabe „three fifths of an inch" beruht zweifellos auf einem Schreibfehler, denn eine $^3/_5$ Zoll lange Ameise würde zu den grössten Arten gehören.

Auch von *Myrmica exigua* glaube ich, dass sie ohne Zweifel auf dieselbe Species gezogen werden muss. Die Art wurde aus der Umgegend von Washington beschrieben, deren Ameisenfauna, Dank Herrn Pergande's Sammelfleiss, jetzt sehr gut bekannt ist. Die Beschreibung

---

[1]) Darf man auch mit Forel annehmen, dass kleine *Solenopsis*-Arten, u. a. die europäische *S. fugax*, meistens als Hausräuber auf Kosten der Brut anderer Ameisen leben, so thun sie dies doch nicht ausschliesslich. Hier bei Bologna habe ich *S. fugax* häufig auf Wiesen, an Knochen oder an Leichen kleiner Thiere nagend gefunden.

des ⚥ passt auf keine andere mir bekannte Form aus jener Gegend; die des ♀ bezieht sich offenbar auf das ♂; ich denke, dass Buckley die Geschlechter verwechselt hat.

Die Exemplare aus Washington, welche ich als Typus der Art betrachte, stimmen ganz genau mit der Beschreibung Mayr's sowie mit den von demselben eingesandten Originalexemplaren der *S. debilis* überein. — Von Exemplaren aus Pennsylvanien und S. Dakota ist nur zu bemerken, dass die ♀♀ etwas dunkler sind; ⚥ und ♂ sind vom Typus nicht zu unterscheiden.

var. *validiuscula* n. var.

Von dieser Form sind mir nur ♀♀ bekannt und zwar aus S. Jacinto und Los Angeles in Californien. Sie sind entschieden grösser und dunkler als *S. molesta* (bis zu 2 mm); der 2. Stielchenknoten ebenso geformt, aber im Verhältniss zum 1. etwas kleiner als bei *molesta*. Der Clypeus zeigt seitlich von den 2 gewöhnlichen Zähnen je einen eckigen Vorsprung, der viel deutlicher ist als bei *molesta*. Solange Geschlechtsthiere nicht vorliegen, lässt sich nicht entscheiden, ob diese Form nur als Varietät oder als Unterart, resp. sogar als Species gelten muss.

S. pollux Forel, var. *texana* n. var.

Ich erhielt einige ♀♀ aus Texas von Herrn Pergande, welche der westindischen *S. pollux* Forel sehr nahe stehen und die gleiche Bildung des Stielchens und des Thorax darbieten. Der Kopf hat etwas weniger gerundete Hinterecken, und die Stirnleisten sind nach hinten etwas mehr verlängert. Das Thier ist auch etwas grösser und nicht ganz so blass gefärbt. — Ausser diesen Unterschieden, auf welche mich Herr Forel aufmerksam machte, konnte ich keine erkennen. — Ohne Kenntniss der ♂♂ und ♀♀ ist eine Bestimmung des Werthes solcher Merkmale nicht gut möglich.

Von *S. molesta* unterscheidet sich diese Art durch die sehr blasse Farbe, die spärliche Behaarung, das auf dem Profil mehr abgerundete Metanotum, die, von oben gesehen, unter sich weniger ungleichen und nicht so breiten Stielchenglieder. — Länge nicht ganz $1^1/_4$ mm.

S. picta n. sp.

S. tenuis Mayr, in: Verh. Z. B. Ges. Wien, 1886, p. 462 [nec *S. tenuis* Mayr ibid. 1877, p. 874].

⚥. S. tenui *simillima sed minor, antennarum scapo breviore, capitis longitudinis* ³/₄ *haud superante, capite postice latius truncato, angulis posticis minus rotundatis, metanoti parte basali et declivi subaequilongis et nodis pedunculi magis inaequalibus, primo a latere cuneiformi distinguenda.* Long. 1¹/₂—1²/₃ mm.

Florida: von Herrn PERGANDE in einer Cynipiden-Galle von Quercus phellas gefunden.

Diese Art ist auf den ersten Blick in Farbe und Sculptur der *S. tenuis* sehr ähnlich und wurde von MAYR nicht ohne Zweifel auf dieselbe bezogen. Die Vergleichung mit einem vom Autor freundlichst überlassenen Originalexemplar der *S. tenuis* aus Brasilien liess mich Unterschiede erkennen, die ich als specifische betrachte. — Vor allem will ich die geringere Länge des Fühlerschaftes betonen, welcher zurückgebogen mit seiner Spitze etwa ³/₄ der Kopflänge erreicht; bei *tenuis* reicht der Schaft viel weiter nach hinten, und seine Spitze ist vom Hinterrand um weniger als ¹/₆ der Kopflänge entfernt. Der Kopf erscheint bei der neuen Art von oben gesehen mehr quadratisch und hinten deutlicher abgestutzt, weil seine Hinterecken weniger gerundet sind. Der Thorax ist etwas weniger schlank, von der Seite gesehen erscheinen am Metanotum die basale und abschüssige Fläche fast gleich lang, sind allerdings gegen einander nicht deutlich abgegrenzt; bei *tenuis* ist die abschüssige Fläche wenig mehr als halb so lang wie die Basalfläche und bildet mit derselben einen abgerundeten, aber deutlichen stumpfen Winkel. Das erste Stielchenglied ist, von der Seite gesehen, mehr keilförmig, sein vorderer Umriss weniger ausgehöhlt. Von oben gesehen erscheint der 2. Knoten deutlich etwas breiter als der erste. — Die Farbe ist gelbroth, Fühler und Beine heller, Hinterleib bräunlich; oder rostroth, Fühler und Beine heller, Kopf und Hinterleib pechbraun.

S. madara ROG.

Die Originalbeschreibung ist zur sichern Erkennung der Art ganz ungenügend, da jetzt aus Amerika mehrere Arten bekannt sind, deren Arbeiter viel schwächer sculptirt sind als *S. fugax*, daher bei gewöhnlicher Lupenvergrösserung keine deutliche Sculptur erkennen lassen, und da auf den Mangel der abstehenden Behaarung, welche leicht abgerieben sein könnte, nicht viel Werth zu legen ist.

Die geringe Grösse des ♀ (3 mm) und andere Merkmale desselben würden auf *S. pollux* FOREL gut passen; aber der ☿ dieser Art ist viel kleiner als *fugax*; das ♀ von *S. molesta* ist dagegen zu gross.

Im Berliner Museum für Naturkunde ist, wie mir Herr Dr. STADELMANN schreibt, kein Originalexemplar dieser Art vorhanden.

Crematogaster LUND.

C. lineolata SAY.

Die grösseren, mit deutlich trapezförmigem 1. Segment des Stielchens versehenen nordamerikanischen *Crematogaster*-Arten, welche wir als Formenkreis der *C. lineolata* SAY bezeichnen können, sind unter einander so nahe verwandt, dass es schwer ist, zwischen den einzelnen Formen etwa constante Unterschiede zu finden. Wenn ich nun *C. ashmeadi* MAYR als besondere Species beibehalte und noch zwei neue Arten aufstelle, so würde es mich doch nicht wundern, wenn es später nöthig sein sollte, jene Arten wieder einzuziehen und auf den Rang von Unterarten herabzusetzen. — *C. lineolata* ist jenseits des Oceans der Vertreter der ebenso proteusartigen und mit ihr wohl auch phylogenetisch verwandten *C. scutellaris* OL. des paläarktisch-afrikanischen Gebietes, einer Art, deren Abgrenzung gegen die nahe verwandten *inermis* MAYR, *subdentata* MAYR etc. die gleichen Schwierigkeiten bietet.

Das sehr bedeutende Material, das ich grösstentheils Herrn PERGANDE verdanke, umfasst Exemplare aus etwa 140 verschiedenen Nestern.

Unter dem Speciesbegriff *C. lineolata* SAY vereinige ich die Formen, deren ☿☿ folgende Eigenschaften vereinigen:

Sculptur variabel; der Kopf meist zum Theil glänzend, seltner (subsp. *coarctata* und var. *subopaca*) ganz matt, punktirt, oder fein längsrunzlig; Thorax punktirt oder daneben noch unregelmässig längsrunzlig, nicht wurmartig gerunzelt. — Pubescenz auf Schienen und Fühlerschaft meist kurz und wenig abstehend, bei subsp. *pilosa* und einer var. von *laeviuscula* aber bedeutend länger und am ganzen Leibe reichlicher. — Farbe sehr veränderlich, selten ganz gelbbraun, meist roth-braun mit dunklerm Kopf; Hinterhälfte des eigentlichen Hinterleibes schwarz-braun oder der ganze Hinterleib, abgesehen vom Stielchen, pechschwarz. — Der Fühlerschaft überragt, zurückgebogen, den Hinterhauptsrand gewöhnlich nicht mehr als um seine grösste Dicke und ist bei kleinern ☿☿ verhältnissmässig länger. — Die Dornen des Metanotums sind ziemlich lang, divergirend und gewöhnlich gegen die Spitze etwas nach aussen gekrümmt.

Die vielen Formen dieser Art lassen sich folgendermaassen in Unterarten und Varietäten eintheilen:

subsp. *C. lineolata* Say. Typus.

Es ist überhaupt nicht möglich zu eruiren, welche Form damals Say vorgelegen hat, als er seine *Myrmica lineolata* beschrieb. Ich behalte diesen Namen für die gemeinste Form, welche zugleich in Bezug auf Sculptur zwischen den Extremen die Mitte hält.

Beim ☿ sind Stirn und Scheitel in der Mitte stark glänzend, Hinterkopf und Seiten fein gerunzelt, die Wangen runzlig getreift; auch der Clypeus und das Stirnfeld sind fein gestreift, aber glänzend, und an den Seiten der Stirn sind ein Paar feine Runzeln sichtbar. Die Mandibeln sind scharf gestreift und glanzlos. Der Thorax ist matt verworren runzlig mit Tendenz zur Längsstreifung. Die Metanotumdornen sind ziemlich lang, divergirend, am Ende in der Regel etwas nach aussen gekrümmt. Das 1. Stielchenglied ist sehr deutlich breiter als lang und nach vorn stark verbreitert mit abgerundeten Vorderecken.

Die abstehende Behaarung ist mässig lang und nicht reichlich, die Pubescenz an Fühlerschaft und Tibien sehr kurz und kaum abstehend. — Farbe roth-braun, der Kopf dunkler; Farbe der Fühler und Beine wie die des Thorax; Endhälfte des Hinterleibes pechbraun.

Die betreffenden ♀♀ sind braun-schwarz mit etwas hellern, manchmal hellbraunen Mandibeln, Fühlern, Suturen des Thorax, Stielchen und Beinen. Hinterer Theil der Stirn und Hinterkopf glänzend. Flügel wasserhell mit lichtbraunen Adern; manchmal sind sie an der Basis leicht bräunlich getrübt.

Das ♂ lässt sich von den mir bekannten ♂♂ der Varietäten und Unterarten nicht gut unterscheiden. Die Sculptur bleibt sich ziemlich gleich: das Mesonotum mit Ausnahme einer kleinen Fläche an den Hinterecken ist matt und fein längsgerunzelt, mit eingestochenen, zerstreuten Punkten. Das Scutellum und ein Theil der Pleuren ziemlich glänzend; ebenso der Hinterkopf. Die Mandibeln sind parallelrandig, am Ende mit 3 spitzen Zähnen. Am Metanotum sind an der Stelle der Dornen nur stumpfwinklige Beulen vorhanden. An den Fühlern sind die Mittel- und Endglieder deutlich länger als dick, aber darin giebt es manche Abweichung. Auch die Sculptur des Kopfes variirt, indem der ganze Hinterkopf in einigen Exemplaren durchaus punktirt und matt erscheint. Die Flügel sind meist wasserhell, aber auch oft mehr oder weniger gelblich-braun. Zu solchen ♂♂ mit dunklen Flügeln kenne ich die ♀♀ nicht; die ☿☿ lassen sich vom Typus nur durch etwas stärkere Sculptur unterscheiden, indem der Hinterkopf deutlich punktirt erscheint.

In den Oststaaten, wie es scheint, verbreitet: meine Exemplare sind aus D. Columbia, Virginia und Florida.

Hierher beziehe ich auch eine Varietät aus Colorado, welche mir in allen drei Geschlechtern vorliegt und in der Sculptur mit *lineolata* typus ziemlich übereinstimmt. Der ☿ ist rostbraun, mit hellern Gliedmaassen. 1. Stielchenglied deutlich breiter als lang. Auffallend sind bei dieser Form die kurzen und dicken, stark divergirenden Dornen des Metanotums. Die Körpergrösse ist gering: ☿ bis 3 mm, ♀ 6 mm lang. — Sollte diese Form sich als beständige alpine Varietät erweisen, so dürfte für sie ein neuer Name geschaffen werden. Vorläufig möchte ich sie als eine verkümmerte Nestvarietät von *lineolata* typus betrachten. Nicht unähnliche Zwergformen des ☿ mit abweichend gestalteten Dornen liegen mir in wenigen Exemplaren von Washington D. C. vor.

Von der oben beschriebenen „typischen" Form führen ganz allmähliche Uebergänge zu den weiter aufzuführenden Varietäten:

var. *lutescens* n. var.

Der ☿ unterscheidet sich vom Typus lediglich durch die Farbe: der ganze Körper ist schmutzig lehmgelb, mit etwas dunklerm Kopf (besonders Vorderkopf) und dunklem Hinterleibsende. Auch der Fühlerschaft ist meist etwas dunkler.

Zu dieser extremen Farbenvarietät kenne ich die geflügelten Geschlechter nicht. Das ♀ einer Mittelform zwischen typus und *lutescens* ist hellbraun mit drei etwas wolkigen, pechbraunen Längsstreifen am Mesonotum.

D. Columbia, N. Jersey, Virginia.

var. *cerasi* FITCH.

Unter diesem Namen sandte mir Herr PERGANDE eine Varietät, deren ☿ sich vom Typus durch etwas stärkere Grösse, viel schwächere Sculptur des Thorax und etwas längere und dünnere Metanotumdornen unterscheiden lässt. Bei der Form, die ich dieser Beschreibung zu Grunde lege, ist der Thorax fein punktirt, mit wenigen feinen Längsrunzeln und zeigt eine Spur von Glanz. Die Farbe ist hellröthlichbraun, mit pechschwarzem eigentlichem Hinterleib, dessen Basis allein röthlich erscheint. Sculptur des Kopfes und Behaarung wie beim Typus.

♀ und ♂ mir unbekannt.

Zwei ♀♀ einer Uebergangsform mit dunkler Farbe, etwas rauherer Sculptur des Thorax und dickern Dornen haben den ganzen Hinterkopf gestreift und glanzlos.

Bei einer andern Form, deren ☿ den Uebergang zu *lineolata* typus bildet, verhalten sich ♀ und ♂ wie beim Typus.

D. Columbia, Pennsylvania, Maine, Maryland, Dakota.

Die var. *cerasi* bildet einigermaassen den Uebergang von ert typischen *C. lineolata* zur subsp. *laeviuscula* MAYR.

var. *subopaca* n. var.

Beim ☿ dieser Form sind Kopf, Thorax und Stielchen dicht punktirt und matt, die Mitte der Stirn oberflächlich punktirt und etwas glänzend, die abschüssige Fläche des Metanotums noch glänzender. Die Rückenfläche des Thorax zeigt ausserdem einige feine Längsrunzeln; der Vorderkopf ist dicht und fein längsrunzlig. Farbe meist wie bei den dunklern Formen von *lineolata*, manchmal heller.

♀ ganz wie *lineolata* typus, aber der ganze Kopf mit Ausnahme einer sehr engen Stelle in der Mitte der Stirn matt und gestreift.

Die mir vorliegenden ♂♂ aus 3 Nestern sind durch besonders kurze Fühler ausgezeichnet, deren Mittel- und Endglieder nur sehr wenig länger als dick sind.

Aus Virginia. Diese Varietät bildet den Uebergang zur mexicanischen *C. opaca* MAYR, von welcher mir zwei typische Exemplare vorliegen. Letztere möchte ich als Unterart von *lineolata* betrachten; sie unterscheidet sich von var. *subopaca* durch die kürzern Metanotumdornen sowie durch stärker punktirte und noch mattere Oberfläche des Kopfes und Thorax.

subsp. *coarctata* MAYR.

Der ☿ dieser Unterart ist, abgesehen von der Sculptur, besonders durch den längern Fühlerschaft ausgezeichnet, welcher das Hinterhaupt sehr bedeutend überragt. — Es liegt mir ein typisches Exemplar von S. Francisco, Californien, aus der MAYR'schen Sammlung vor. Bei demselben ist der ganze Körper dunkelbraun, die Gliedmaassen rostbraun, die Gelenkstellen des Halses und des Stielchens röthlich. Die ganze Oberseite des Kopfes ist fast glanzlos, dicht punktirt, die Punktirung der Länge nach confluirend, wodurch jene Fläche, besonders bei nicht sehr starker Vergrösserung und seitlicher Beleuchtung, dicht längsgestrichelt erscheint. Wirklich scharf längsgestreift sind nur die Wangen und die Mandibeln. Der Thorax ist an der Mesometanotalnaht stark eingeschnürt und mit langen, etwas geschweiften Dornen versehen. Promesonotum dicht punktirt und etwas längsrunzlig, Metanotum auf der Basalfläche längsgestreift. Der 1. Stielchenknoten ist nur wenig breiter als lang, der 2. fein punktirt und glanzlos. Auch das Basalsegment des eigentlichen Hinterleibes ist deutlich fein sculptirt und wenig glänzend. Behaarung der Tibien sehr kurz und anliegend.

Andere ☿☿ aus Plummer Co. (5000′ hoch) von Herrn PERGANDE sind heller gefärbt, sonst den vorigen gleich: Kopf, Thorax, Stielchen und Glieder schmutzig braun-gelb. Scheitel dunkler, Hinterleib pechbraun.

Zwei ☿☿ aus Mariposa bilden durch schwächere Sculptur und etwas glänzenden Kopf den Uebergang zur folgenden

var. *mormonum* n. var.

Diese Form wollte ich zuerst als besondere Species aufstellen; bei genauerer Schätzung ihrer Merkmale scheint es mir richtiger, sie als Varietät von *coarctata* zu betrachten. Ich begründe dieselbe hauptsächlich auf einige ☿☿ vom Utah Salt Lake. Gestalt fast wie bei *coarctata*: Fühler noch länger und schlanker; der Schaft überragt den Hinterkopf wohl um $1^1/_2$ mal seine Dicke, die Geissel ist dünner, 2.—3. Geisselglied sind nicht dicker als lang. Thorax weniger eingeschnürt, 1. Stielchenglied etwas schmaler, nicht deutlich dicker als lang, mit stark gerundeten Vorderecken. Der Kopf ist glänzend, nur die Seitentheile der obern Fläche mit längsconfluirender Punktirung; Wangen und Mandibeln längsgestreift. Promesonotum matt, deutlich längsgerunzelt. Farbe hellroth, Scheitel und Hinterleib mit Ausnahme der Basis pechbraun.

Zwei ☿☿ von American Fork Cañon, Utah, sind noch glänzender, das Promesonotum glänzend, das Stielchen länger als breit.

subsp. *laeviuscula* MAYR.

Eine in ihren ausgeprägtesten Formen leicht zu erkennende Unterart. Beim ☿ sind Kopf, Thorax und Stielchen oben glänzend und sehr fein punktirt; nur die Seiten und der Vordertheil des Kopfes, die Seiten des Promesonotums und das Metanotum sind matt, letzteres auf der Basalfläche längsgerunzelt. Das Stielchen ist robust, sein 1. Glied sehr deutlich breiter als lang, die Dornen lang und meist fast gerade. Der Kopf ist breit, die Fühler kurz, der Schaft nur wenig über den Hinterhauptsrand ragend. Die Behaarung der Tibien und des Fühlerschaftes ist ziemlich lang und schief abstehend. Die Farbe ist variabel: meist hellbraun oder bräunlich-gelb mit dunklerm Hinterleib; manchmal sind die hellen Theile mehr röthlich. Selten dunkel rostbraun mit pechbraunem Kopf und Hinterleib.

Scheint eine südliche Form zu sein: mir liegen Exemplare von Maryland, Virginia, N. Carolina, Florida und Texas vor. — ♂ und ♀ mir unbekannt.

var. *clara* MAYR.

Nur durch die Färbung unterschieden: hellröthlich-gelb mit pechbraunem Hinterleib, beide Farben scharf contrastirend. Aus Texas.

Exemplare aus Arizona und Indiana sind fast wie var. *clara* gefärbt, die Sculptur aber stärker, der Thorax dichter und gröber punktirt, nur wenig glänzend, die Pubescenz der Tibien kurz und mehr anliegend. Sie bilden den Uebergang zu *lineolata* var. *cerasi*.

var. *californica* n. var.

Zwei ♀♀ aus Californien (Encinitas und Los Angeles) verbinden den stämmigen Bau der *C. laeviuscula* mit einer ganz abweichenden Sculptur, welche an *coarctata* erinnert. Der Kopf ist matt, nur die Stirn etwas glänzend, sonst mit einer der Länge nach zusammenfliessenden dichten Punktirung. Thorax und Stielchen ganz matt, sehr dicht punktirt; nur die abschüssige Fläche des Metanotums glänzend; die Basalfläche grob, unregelmässig längsgestreift. Pubescenz der Tibien und des Fühlerschaftes wie bei *laeviuscula*.

subsp. *pilosa* PERGANDE i. litt.

Diese gut charakterisirte Unterart schliesst sich in der plumpen Gestalt an *laeviuscula* an, ist aber kleiner und im Habitus sowie in der Sculptur und Farbe der typischen *lineolata* sehr ähnlich. Behaarung und Pubescenz sind am ganzen Körper auffallend lang und reichlich, an den Schienen ist die Pubescenz weit abstehend. Farbe der mir vorliegenden Exemplare aus D. Columbia und N. Jersey hellbraun bis rostbraun, mit etwas dunklerm Kopf und pechbraunem Hinterleib. — Ich kenne nur ♀♀.

Zwischen den hier aufgestellten Unterarten und Varietäten giebt es, wie eben erwähnt, mehrfach Mittelformen und Uebergänge. Es würde mir leicht gewesen sein, eine grössere Zahl von Varietäten zu definiren und zu benennen, was aber für künftige Bearbeiter das Erkennen und Bestimmen der einzelnen Formen nutzlos erschwert haben würde.

Eine Deutung der von BUCKLEY beschriebenen Formen von *C. lineolata* halte ich ohne Typen für unmöglich, da der Verf. fast nur die Farben bespricht und Formverhältnisse sowie Sculptur und Behaarung ganz unberücksichtigt lässt. Es sind die als *Myrmica novaeboracensis*, *M. marylandica*, *M. columbiana* und *Atta bicolor* aufgestellten Arten. Vielleicht beziehen sich die beiden letztern auf subsp. *laeviuscula*, was aber vor der Hand nicht erwiesen werden kann.

C. ashmeadi MAYR.

Diese von MAYR ausführlich beschriebene Art scheint hauptsächlich im Süden verbreitet zu sein. Ich erhielt sie von Florida und Virginia. Andere ♀♀ aus Mississippi sind kräftiger gebaut und dunkler braun, das Promesonotum wenig glänzend, fein punktirt. Aehnliche, ganz pechbraune ♀♀ sandte Herr PERGANDE von den Key West Inseln, Florida-Küste.

Ein einzelner ♀ von Pennsylvanien mit dicht punktirtem Thorax dürfte einer nördlichen Varietät der Art gehören, welche ich aber auf so geringem Material nicht begründen möchte.

C. vermiculata n. sp.

♀. *C.* lineolatae *et* ashmeadi *proxima, capite nitido, genis, clypei margine antico et mandibulis striatis, antennarum scapo marginem occipitis vix superante, promesonoto rude irregulariter vermiculato-rugoso, medio carinato, metanoti basi longitrorsum rugosa, spinis vix divergentibus, subrectis, pedunculi subnitidi segmento 1. latiore quam longiore. Long.* $2^3/_4 - 3$ *mm.*

Nur 2 ♀♀ aus Los Angeles, Californien, von Herrn PERGANDE.

Ob diese Form sich auch in der Zukunft als besondere Art bewähren wird, ist wohl unsicher: sie ist hauptsächlich durch die fast parallelen Dornen und die eigenthümlich **wurmartig gewunden-gerunzelte Sculptur des Promesonotums** ausgezeichnet. Kopf und Stielchen in Gestalt und Sculptur wie bei *ashmeadi*. Farbe hell-rostbraun, Kopf etwas dunkler, Hinterleib, besonders hinten, pechbraun. Pubescenz auch an den Tibien sehr kurz und anliegend; aufrechte Haare spärlich vorhanden.

C. punctulata n. sp.

☿. *Praecedentibus affinis, sordide testacea vel fusco-testacea, brevissime et parce pubescens, thorace cum pedunculo opacis, crebre, capite abdomineque nitidulis parcius punctulatis, genis, clypeo, mandibulisque striatis, antennarum scapo occiput vix superante, thorace robusto, spinis metanoti rectis, parallelis, petioli segmento* 1. *distincte transverso. Long.* 3—3$^1/_2$ *mm.*

Aus Colorado; nur ☿ bekannt.

An der lehmgelben Farbe, der gleichmässigen, sehr dichten Punktirung des Thorax und des Stielchens, welche mit Ausnahme der abschüssigen Fläche des Metanotums glanzlos sind und an den mässig langen, einander parallelen Metathoraxdornen erkennbar. Herr PERGANDE sandte sie mir von 4 verschiedenen Nestern; es scheint also eine ziemlich beständige Form zu sein.

C. minutissima MAYR.

Aus Süd-Carolina und Texas.

C. victima F. SM., subsp. missuriensis PERGANDE i. litt.

Zwei ☿☿ aus Missouri von Herrn PERGANDE erhalten. Der nördlichste Ausläufer einer in Südamerika weit verbreiteten und formenreichen Gruppe [1]). — Ausgezeichnet durch die glatte, mehr oder

---

[1]) Eine Revision des mir vorliegenden Materials von *C. victima* führt mich zur Unterscheidung folgender Formen des Arbeiters:

Die Arbeiter, welche ich als typische Form betrachte, weil sie am Besten der Beschreibung SMITH's und zugleich der von MAYR (Neue Formiciden, 1870) auf Untersuchung von Originalexemplaren begründeten Charakterisirung der Art entsprechen, sind röthlich-gelb, oft mit etwas dunklerm Kopf, der Hinterleib, mit Ausnahme der Basis, braun. Solche Exemplare sind nicht unausgefärbt, wie MAYR meinte. Thorax und Stielchen dicht punktirt und glanzlos, am Pronotum einige grobe Runzeln. Mit Ausnahme einer mehr oder weniger ausgedehnten glatten Fläche in der Mitte des Scheitels ist der Kopf punktirt. Ich erhielt diese Form aus Matto Grosso, aus Bolivien und in grösserer Anzahl aus Paraguay.

Folgende Varietäten und Unterarten mögen vom Typus unterschieden werden:

var. *obscurata* n. var. — Die von MAYR (l. c.) beschriebene dunklere Form aus Venezuela. Sie weicht vom Typus ausserdem (wie ich an 2 Originalexemplaren sehe) noch durch die Sculptur des Promesonotums ab, an welchem die Punktirung viel weniger deutlich ist und scharfe Längsrunzeln um so deutlicher auftreten.

weniger glänzende Oberfläche des ganzen Körpers; die fingerhutartige Punktirung ist geschwunden und nur an den Mesopleuren, am hintern Theil des Mesonotums und am Stielchen erkennbar. Am Pronotum nur wenige ziemlich undeutliche Längsrunzeln. Farbe hellgelb, Kopf etwas dunkler. Tibien mit einigen schief abstehenden Borsten.

Ein grosses *Crematogaster*-♂ mit dunkeln Flügeln aus Texas in meiner Sammlung gehört gewiss einer besondern Art an, dessen ☿ und ♀ mir noch unbekannt sind.

Pheidole Westw.

Unsere heutige Kenntniss der nordamerikanischen *Pheidole*-Arten ist wohl noch eine sehr unvollkommene, und ich bin fest überzeugt, dass eine gründlichere Durchforschung der westlichen und südlichen Staaten der Union, besonders von Texas, zur Entdeckung vieler anderer Arten führen würde.

Zur Bestimmung der mir bekannten Soldaten und Arbeiter habe ich folgende Tabelle aufgestellt.

Soldaten.
I. Hinterkopf wenigstens zum Theil glanzlos.
  A. Grösser; Hinterkopf entweder nicht gestreift oder mit schief nach hinten divergirenden Streifen, welche seitlich nicht in Längsstreifen übergehen.   *pilifera* Rog. mit var. *coloradensis* Em.
  AA. Kleiner; Hinterkopf mit scharfen Querrunzeln.
    1. Kopf breiter, die Querrunzeln des Hinterkopfes gehen seitlich in Längsstreifen über.   *californica* Mayr.
    2. Kopf weniger breit, die Querrunzeln des Hinterkopfes gehen nicht in Längsstreifen über, da die Seiten des Kopfes glatt und glänzend sind.   *oregonica* Em.

var. *steinheili* Forel. — S. Thomas; Farbe wie beim Typus, sogar heller, Hinterkopf glänzend, fast glatt, Vorderkopf dicht punktirt, glanzlos. Am etwas glänzendern Prothorax sind sowohl die Punktirung als die Runzeln wenig ausgeprägt; sonst wie der Typus.

var. *nitidiceps* n. var. (*C. victima* Emery, in: Bull. Soc. Ent. Ital., 1887; Berlin. Entom. Zeit., 1894). — Rio Grande do Sûl (v. Jhering). Der Kopf durchaus ohne Spur von fingerhutartiger Punktirung. Die Wangen sehr fein gestreift. Thorax und Stielchen punktirt; Pronotum überdies mit feinen Längsrunzeln.

Als besondere Subspecies betrachte ich die oben beschriebene *C. missuriensis* sowie *C. cisplatinalis* Mayr.

II. Hinterkopf glatt und glänzend.
  B. Fühlerschaft an der Basis nur sanft gebogen und nicht verdickt.
    § Das Ende des kurzen Fühlerschaftes ist, wenn zurückgebogen, dem Hinterrande des Auges näher als der Hinterecke des Kopfes.
      ✕ Wenigstens die hintere Hälfte des Kopfes glänzend, Fühler sehr kurz.
      Stirnleisten länger als der halbe Schaft, Kopf länglicher.
      vinelandica Forel mit var. *longula* Em. und subsp. *laeviuscula* Em.
      Stirnleisten nicht länger als der halbe Schaft, Kopf kürzer. (nach Mayr). *bicarinata* Mayr.
      ✕✕ Kopf glanzlos; nur der Hinterkopf und die hintere Hälfte der Seiten glänzend; Kopf kurz, Fühler verhältnissmässig länger. *flavens* subsp. *floridana* Em.
    §§ Das Ende des Fühlerschaftes ist, wenn zurückgebogen, vom Auge wie von der Hinterecke des Kopfes ungefähr gleich entfernt. *megacephala* Fab.
    §§§ Das Ende des Fühlerschaftes ist, wenn zurückgebogen, der Hinterecke näher als dem Auge.
      Hellgelb mit etwas röthlichem Kopf und bräunlichem Hinterleib. *morrisi* Forel mit var. *dentata* Mayr.
      Dunkelbraun, etwas kleiner (3—3¹/₂ mm) *commutata* Mayr.
  BB. Fühlerschaft an der Basis stark gekrümmt und daselbst abgeplattet und verdickt.
    Kopf verhältnissmässig auffallend klein; der Schaft reicht fast bis zum Hinterrande desselben. *hyatti* Em.
    Kopf gross; der Schaft erreicht kaum die Mitte der Strecke zwischen Auge und Hinterrand des Kopfes. *crassicornis* Em.

Arbeiter.

I. Kopf und Thorax glanzlos.
  Grösser (2 mm) und etwas schlanker. *pilifera* Rog.
  Kleiner (1¹/₂ mm) und gedrungner; Promesonotum stark gewölbt. *flavens* subsp. *floridana* Em.
II. Kopf glänzend.
  § Sehr klein (1¹/₃ mm), metallisch stahlblau. *metallescens* Em.
  §§ Nicht metallisch.
    α Der kurze Fühlerschaft überragt den Hinterrand des Kopfes überhaupt nicht. *californica* Mayr, *oregonica* Em., *vinelandica* Forel (? *bicarinata* Mayr).
    αα Der Fühlerschaft ragt nur wenig über den Hinterrand des Kopfes. *fabricator* F. Sm. var.
    ααα Der Fühlerschaft überragt den Hinterkopf sehr bedeutend.

   ✕ Die Geisselglieder vor der Keule nicht oder kaum länger
      als dick [1]).
      ⊙ Die Gegend zwischen Auge und Stirnleiste mehr oder
         weniger deutlich genetzt, nicht gestreift.*
         Farbe gelb.   *morrisi* FOREL.
         Farbe dunkel   *commutata* MAYR
      ⊙⊙ Die Gegend zwischen Auge und Stirnleiste gestreift.
                                                         megacephala FAB.
   ✕✕ Die Geisselglieder vor der Keule sehr deutlich länger als
      dick [2]). Kopf hinten abgestutzt, mit gerunzelten Ecken.
                                                            hyatti EM.

Ph. pilifera ROG.

Leptothorax pilifer ROGER, in: Berlin. Ent. Zeit., V. 7, 1863, p. 180, ☿.
Pheidole pennsylvanica ROGER, ibid., p. 199, ♃.
Pheidole pennsylvanica MAYR, etc.

    Die Untersuchung eines Originalexemplares aus der Sammlung des k. Museums für Naturkunde in Berlin hat mich zu dem Resultat geführt, dass ROGER's *Leptothorax pilifer* nichts anderes ist als der Arbeiter, dessen Soldat von demselben Autor als *Pheidole pennsylvanica* beschrieben wurde. Da erstere Beschreibung einige Seiten vor der andern steht, so muss der jetzt übliche Name der Species in *Ph. pilifera* abgeändert werden.

    Die typische Form erhielt ich von D. Columbia und Nebraska. Beim Soldaten aus letzterm Staate ist die Sculptur des Kopfes noch etwas rauher, und die Querrunzeln sind wegen des Ueberwiegens der Grübchen etwas weniger deutlich. Mit diesen ♃ und einigen ♀♀ sandte mir Herr PERGANDE ein flügelloses, aber geflügelt gewesenes Zwergweibchen von kaum $3^1/_2$ mm, mit wenig entwickeltem Thorax und dicken, stumpfen, beulenartigen Metanotumdornen. Ich besitze auch ☿☿ von Virginia: MAYR führt als Fundorte N. Jersey und Pennsylvanien auf. Die Art ist also wahrscheinlich in allen Oststaaten verbreitet. Ein ♃ aus Carolina im Berliner Museum ist schwächer sculptirt und bildet den Uebergang zur

                          var. *coloradensis* n. var.

    West-Cliff und Pueblo, Colorado, von Herrn PERGANDE.
    Der ♃ unterscheidet sich vom Typus durch geringere Grösse

---

    1) Hierher noch eine nicht genauer bestimmbare Art aus Florida, welche mit *Ph. guilelmi-mülleri* FOREL verwandt zu sein scheint.
    2) Hierher noch eine mit *Ph. susannae* FOREL nahe verwandte Form aus Californien; unterscheidet sich von *hyatti* durch die längern und schlankern Fühler und den hinten conisch verjüngten Kopf.

(3—4 mm) und schwächere Sculptur, indem die Querrunzeln am Kopfe mehr oder weniger undeutlich werden und beiderseits am Scheitel eine glatte, glänzende Stelle auftritt, auf welcher dann die haartragenden Grübchen stark abstechen.

Der ☿ weicht vom Typus nur in der etwas schwächern Sculptur ab; Kopf und Thorax sind minder glanzlos, die Hinterecken des Kopfes sind entschieden glänzend, beim Typus matt.

Die nun folgenden drei Arten, *Ph. californica* MAYR, *vinelandica* FOREL und *oregonica* EM., bilden eine zusammenhängende Gruppe, welche wiederum mit der neotropischen Gruppe der *Ph. subarmata* MAYR verwandt ist. Die ☿☿ jener nordamerikanischen Formen sind von einander nicht zu unterscheiden. MAYR giebt zwar an, dass die Seiten des Meso- und Metanotums bei *vinelandica* nur seicht genetzt und zum Theil geglättet sind, während sie bei *californica* dicht fingerhutartig punktirt sein sollen. Mir liegen nun aus D. Columbia Soldaten vor, die von einem typischen Exemplar von *vinelandica*, welches mir Herr FOREL geschickt hat, nicht zu unterscheiden sind, während die betreffenden Arbeiter am ganzen Metanotum ebenso scharf punktirt sind wie Typen der *Ph. californica*, die ich von Herrn MAYR erhalten habe. Uebrigens beschreibt FOREL das Metanotum des ☿ seiner Art als dicht punktirt. — Die zur selben Gruppe gehörige *Ph. bicarinata* MAYR hat mir nicht vorgelegen.

Ph. californica MAYR.

Von dieser Art liegen mir einige Soldaten von Herrn ANDRÉ und typische ☿☿ von Herrn MAYR aus Californien vor. — Die ♃♃ stimmen mit MAYR's Beschreibung gut; das 2. Stielchensegment finde ich aber trapezförmig und nicht kuglig.

Ph. oregonica n. sp.

♃. *Fusco-testaceus, abdomine obscuriore, antennis pedibusque dilutis, copiose pilosus, capite modice elongato, clypeo laevi, frontis lateribus, genis et sulco verticis longitrorsum striatis, lateribus et vertice laevibus, disperse punctatis, occipite transversim rugoso, mandibulis basi striatis, antennarum scapo vix dimidia longitudine capitis, thorace nitido, pronoto obtuse bituberculato; mesonoto sine sulco transverso, metanoto dentibus trigonis validis, superne basi punctato, pleuris meso- et metathoracis ex parte punctatis, pedunculi segmento 2. subtrapezoideo, angulis anticis acutis. Long.* $2^{3}/_{4}$—3 mm.

☿. Ph. californicae *et* vinelandicae *operariis simillima et ab iis vix agnoscenda; color ut militis.*

The Dallas, Oregon; von Herrn PERGANDE.

Diese Art hält in der Kopfbildung des Soldaten die Mitte zwischen *Ph. californica* und *vinelandica*: der Kopf ist nämlich nicht so breit und viel weniger flach als bei ersterer Art, hinten weniger breit ausgeschnitten, mit mehr runden Hinterhauptslappen; in der Form steht er also *Ph. vinelandica* näher, während die Sculptur mehr an *Ph. californica* erinnert; aber die Seiten des Kopfes sind durchaus nicht gestreift, und die Querrunzeln des Hinterhauptes sind seitlich abgekürzt; auch der Scheitel ist platter und stark glänzend.

Den Arbeiter vermag ich von dem der beiden genannten Arten nicht zu unterscheiden.

Ph. vinelandica FOREL.

Diese Form scheint in den Oststaaten der Union sehr verbreitet. N. Jersey (FOREL), Virginia (MAYR); Herr PERGANDE sandte sie mir aus D. Columbia, Maryland und Mississipi. Die ☿☿ aus Maryland entsprechen für die Sculptur des Metanotums der Beschreibung MAYR's, während ☿☿ aus D. Columbia und Mississipi an den Pleuren dicht punktirt sind. Die Farbe ist besonders bei ☿☿ sehr variabel. Aus D. Columbia besitze ich braune und gelbe Exemplare; die aus andern Fundorten sind alle hell. Aus Virginia liegen mir solche mit stark und schwach punktirten Pleuren vor, aber ohne die betreffenden Soldaten. — Bei den ⚇⚇ aus Mississipi und Maryland ist der Kopf etwas länglicher; sie bilden den Uebergang zur folgenden

var. *longula* n. var.

Pueblo, Colorado. Der ⚇ unterscheidet sich vom Typus durch länglichern Kopf mit mehr parallelen Seiten; der hintere Theil ist glänzend, die haartragenden Punkte darauf kleiner; sonst ungefähr wie der Typus. Farbe schmutziggelb: der Kopf dunkler, Mandibeln und Fühlerspitze bräunlich.

Beim ☿ sind die Metanotumzähne auffallend kurz und stumpf; Metanotum und Pleuren dicht punktirt, glanzlos. Farbe dunkelbraun, Mandibeln, Fühler, Gelenke und Tarsen braun-gelb.

subsp. *laeviuscula* n. subsp.

Von dieser Form liegt mir nur ein ⚇ und ein ☿ von Doniphan, Ripley Co., Missouri, vor.

Beim ⚥ ist der Kopf bedeutend länger als bei *vinelandica* und var. *longula*, nicht so lang wie bei *subarmata* MAYR; die Stirnleisten ganz wie bei *vinelandica*, ebenso lang wie bei dieser Art und vorn nicht spitz vorspringend. Die Seiten des Kopfes vorn nicht ganz bis zur Hälfte längsgestreift, hinten glatt mit zerstreuten feinen Punkten, die Stirn in der Mitte glatt, an den Seiten mit wenigen Streifen. Am Pronotum sind die Beulen schwächer als bei *vinelandica*, das 2. Stielchenglied kleiner, beiderseits nicht zugespitzt. Länge $2^{1}/_{2}$ mm. Farbe hellgelb.

Der ⚥ gleicht durchaus den schwächer punktirten, hellen Exemplaren von *Ph. vinelandica*.

Ph. bicarinata MAYR.

Illinois (nach MAYR).

Ph. flavens ROG., subsp. *floridana* n. subsp.

Cocoanut und S. George, Florida, von Herrn PERGANDE.

Beim ⚥ ist der Kopf auf seinen vordern zwei Dritteln dicht fingerhutartig punktirt und glanzlos; das hintere Drittel ist stark glänzend und, abgesehen von den haartragenden Punkten, ganz glatt. Ausserdem ist die Stirn fein längsgestreift, die Wangen gröber; die Fühlergruben sind ganz matt, der Clypeus unregelmässig punktirt, in der Mitte mit einem Kiel, seitlich etwas längsgerunzelt; die Mandibeln sind glänzend, nur an der Basis aussen gestreift. Der Thorax ist oben glänzend, nur die Basis des Metanotums, sowie die Pleuren matt punktirt. Die Metanotumzähne sind lang, dornartig, die Prothoraxbeulen sind stark. Zweites Stielchenglied im Verhältniss zum ersten deutlich grösser als bei den andern Subspecies [1]), beiderseits stumpfkeglig. Farbe hellgelb, der Hinterleib kaum gebräunt. Länge 3 mm.

Der ⚥ ist den blassen Formen der *Ph. flavens* durchaus ähnlich; das 2. Stielchenglied ist aber grösser und dicker, wenigstens $1^{1}/_{2}$ mal so breit wie der Knoten des 1. Gliedes; die Metanotumdornen etwas länger als bei den andern Formen.

Beim ♀ ist der ganze Kopf matt punktirt, die vordern zwei Drittel überdies längsgestreift, der Clypeus matt punktirt. Thorax oben glänzend, Metanotum mit starken Zähnen; 2. Stielchenglied mehr als

---

1) Für die Unterarten und Varietäten von *Ph. flavens* s. meine „Studi sulle formiche della fauna neotropica" in: Bull. Soc. Entom. Ital., V. 26, 1894, p. 155—158.

2mal so breit wie lang, beiderseits keglig verlängert. Flügel sehr hell mit gelben Adern. Länge $4^{1}/_{2}$—5 mm.

Hält für die Sculptur die Mitte zwischen dem Typus der Art und der subsp. *sculptior* FOREL. Durch das verhältnissmässig grössere 2. Stielchenglied ausgezeichnet. Dürfte vielleicht als besondere Species gelten.

Ph. metallescens n. sp.

☿. *Obscure violacea, metallica, mandibulis, antennis pedibusque flavo-testaceis, femoribus fuscatis; nitida, genis, pronoti collo, mesopleuris et metathorace crebre punctatis, opacis, parce, breviter, clavatopilosa, scapis pedibusque pube longa, obliqua; caput paulo longius quam latius, postice subtruncatum, angulis rotundatis, laevissimum, genis, lateribusque usque ad oculos confertissime, posterius subtilius et minus crebre, fronte antice tenuissime punctatis, clypeo subplano, laevi, mandibulis striatis, 8 dentatis, laminis frontalibus brevibus, scapo marginem occipitis haud superante. clava crassa, articulis 2 primis subaequalibus, ultimo multo majore. Thorax promesonoto convexo, sutura promesonotali nulla, metanoto utrinque spina brevi, acuta, obliqua. Abdominis pedunculi segmentum 1. postice nodo parvo, rotundato, 2. praecedente distincte crassius, ovatum. Long. $1^{1}/_{3}$ mm.*

St. George, Florida von Herrn PERGANDE.

Ich beschreibe diese winzige neue Art, trotzdem mir nur der ☿ vorliegt, hauptsächlich wegen der metallischen, stahlblauen Farbe, die bei keiner andern mir bekannten *Pheidole*-Art vorkommt. Im Habitus sowie in der Form der einzelnen Körpertheile erinnert sie sehr an *flavens* und Verwandte, aber durch Sculptur und Färbung sehr verschieden.

Ph. megacephala FAB.

Aus dem nordamerikanischen Continent liegt mir diese in der ganzen tropischen und subtropischen Welt verbreitete Art nur von N. Mexico vor, ausserdem von Westindien (Bahamas, S. Thomas) und von Bermuda. Ob sie in Amerika überhaupt endemisch ist oder durch den Handel importirt, mag ich vor der Hand nicht entscheiden. Ich erhielt sie aus Küstengegenden: Westindien, Rio de Janeiro, Lima. — Exemplare von S. Catharina sind etwas abweichend (dunkle schwarz-braune Farbe, mehr vorspringende Kegelspitzen des 2. Stielchengliedes, besonders bei grössern ⚥) und dürften als besondere Localvarietät gelten.

Indess besitzt Südamerika einige mit *Ph. megacephala* nahe verwandte Formen, welche von ihr kaum specifisch verschieden sind, wie *Ph. cameroni* MAYR und *laevifrons* MAYR.

Ph. morrisi FOREL.

N. Jersey, Florida.

var. *dentata* MAYR.

Virginia, Missouri.

Ph. commutata MAYR.

Florida.

Ph. hyatti n. sp.

♀. *Testaceus, capite obscuriore, pedibus pallidis, clypei mandibularumque marginibus nigricantibus, pube suberecta et setis longis hirtus, nitidulus. Caput haud magnum, paulo longius quam latius, postice incisum, lobis occipitis rotundatis, sulco verticis occipitisque transverse crenato, clypeo nitido, lateribus rugoso, fronte medio laevi, lateribus striata, laminis frontalibus mediocris longitudinis, spatio inter ipsas et oculos punctulato et rude rugoso-reticulato, opaco, rugis post oculos sensim evanescentibus, vertice subnitido, occipite nitido; mandibulis extrema basi striatis; antennarum scapo marginem occipitis fere attingente, prope basin compresso, abrupte curvato et subdilatato. Thorax pronoto nitido, rotundato, mesonoto metanotoque crebre punctulatis, opacis, illo cum impressione transversa haud profunda, hoc utrinque dente trigono, valido, acuto. Abdomen pedunculi opaci nodo 1. crasso, superne impresso, 2. paulo latiore, transverse ovato, segmentis sequentibus subnitidis, punctulatis.*

Long. $4^{1}/_{2}$—5 mm; Caput (sine mandibulis) $1,4 \times 1,3$ mm.

☿. *Pallide testacea, longe pilosa, capite, prothorace abdomineque nitidis, mesonoto superne et pedunculo subnitidis, pleuris metanotoque opacis, crebre punctatis; capite ovato, genis striatis, spatio inter laminas frontales et oculos punctato, subopaco, mandibulis basi striatis, antennarum gracilium scapo occiput tertia parte circiter superante; pronoto rotundato, mesonoto prominulo, metanoto dentibus brevibus acutis, abdominis pedunculi segmento 2. praecedente parum latiore, ovato.* Long. 3 mm.

S. Jacinto, Californien; gesammelt von Herrn ED. HYATT und mir von Herrn PERGANDE zugesandt.

Diese Art gehört zur südamerikanischen Gruppe der *Ph. fallax*

MAYR und *impressa* MAYR. Der Soldat lässt sich aber am auffallend kleinen Kopf und an der Sculptur desselben leicht erkennen. Die Wangen sind scharf und grob längsgerunzelt; zwischen Auge und Stirnleiste nehmen die Runzeln einen netzartigen Verlauf an und fehlen weiter hinten vollständig, indem an der Stelle der Netzmaschen grobe, haartragende Punkte deutlich werden. Die vorn dichte, scharfe Grundpunktirung ist auf dem Scheitel und dem hintern Theil der Kopfseiten schwächer, um ganz hinten fast ganz zu schwinden; die Mitte der Stirn und der Clypeus sind fast glatt und ziemlich stark glänzend; die Scheitelrinne ist tief, eng, deutlich gerandet, am Grund quergerunzelt, vorn abgekürzt, so dass die Stirn durchaus keine Rinne zeigt. In Folge der Kleinheit des Kopfes ist der Fühlerschaft verhältnissmässig lang und reicht beinahe bis zum Hinterhauptsrande; er ist an der Basis plattgedrückt und kurz abgebogen, nicht eigentlich geknickt und dabei nur wenig verdickt; alle Geisselglieder sind etwas länger als dick. Thorax und Stielchen sind ungefähr so gebaut, wie bei den schlankern Formen von *Ph. fallax*, ersterer aber ohne Spur von Querrunzeln. Das eigentliche Abdomen ist schwach glänzend, äusserst fein punktirt. Die Behaarung besteht (auch auf den Beinen) aus schief abstehenden, kurzen Härchen und längern, mehr aufrechten Borsten.

Der ☿ ist von den hellern Formen der *Ph. fallax* durch den hinten weniger verschmälerten Kopf, mit schwach gerandetem Hinterhauptsloch verschieden; die Metanotumzähne sind kräftiger, dreieckig, die Stielchenknoten dicker.

Ph. crassicornis n. sp.

☿. *Laete rufus, abdomine fusco, parce pilosus, scapis pedibusque sine pilis erectis, copiose pubescens. Caput longitudine sua subaequilatum, postice haud profunde incisum, lobis occipitis late rotundatis, sulco verticis continuo, haud profundo, $^3/_5$ anticis opacum, punctatum et longitrorsum rugosum, postice nitidum, foveolis oblongis, setuligeris sparse sculptum, clypeo laevi, antice exciso, mandibulis basi extus striatis, caeterum disperse punctatis, antennarum scapo lato, compresso, prope basin abrupte flexo, apice dimidium spatii inter oculum et marginem occipitis fere attingente. Thorax subtiliter punctatus, pronoto mesonotoque nitidis, caeterum opaco, pronoto vix bigibboso, mesonoto cum toro transverso, metanoto utrinque spina brevi, subtili, basi dilatata. Abdomen segmento pedunculi 1. superne cum nodo crasso, transverso, punctulato, opaco, 2. praecedente* *parum latiore, lateribus rotundato, subnitido, segmentis sequentibus nitidis.* Long. 3³/₄ mm.

Charlotte, N. Carolina: ein Soldat von Herrn Pergande.

Der centralamerikanischen *Ph. maja* Forel nahestehend, aber durch den kürzern Kopf und die Grübchen des Scheitels und Hinterkopfes leicht zu unterscheiden. Aus jedem dieser Grübchen entspringt ein anliegendes Härchen. Spuren von Grübchen finde ich auch bei *Ph. maja.* Der Fühlerschaft ist etwas kürzer und viel dicker als bei *maja.*

Ein mit dem beschriebenen ⚥ erhaltener ☿ (dem überdies die Fühler fehlen) gehört gewiss nicht dazu, da er an den Beinen lange, abstehende Haare hat.

Ausser diesen Arten sandte mir Herr Pergande noch einige Arbeiter anderer Formen, welche, bei Abwesenheit der betreffenden Soldaten, nicht mit voller Sicherheit charakterisirt werden können. Es sind:

1) Eine mit *Ph. fabricator* (F. Sm.) Mayr nahe verwandte, wohl als Unterart oder Varietät zu betrachtende Form aus Wasatch, Utah.

2) Eine Varietät von *Ph. susannae* Forel aus Californien.

3) Eine Art aus S. George, Florida, welche der *Ph. guilelmimülleri* Forel nahe steht; wahrscheinlich eine Unterart dieser Species.

Stenamma Westw.

Der Umstand, dass ein so erfahrener Myrmecologe wie Mayr dieselbe Art einmal als *Aphaenogaster brevicornis*, ein anderes Mal als *Stenamma nearcticum* beschreiben konnte, hat mich dazu veranlasst, eine genauere Vergleichung beider bis jetzt als Gattungen geltender Gruppen anzustellen. Aus dieser Vergleichung ergab sich, dass es wirklich kein wichtiges Merkmal giebt, welches zur Unterscheidung der zwei Genera genügen dürfte.

Die ☿☿ und ♀♀ von *Stenamma* unterscheiden sich von *Aphaenogaster* lediglich durch die zwei scharfen Kiele am Clypeus, letztere ausserdem durch das Flügelgeäder. Was die ♂♂ betrifft, so konnte ich ausser der Bildung der Flügel durchaus keinen Unterschied finden. — Untersuchen wir nun die Flügel der auf Grund der Clypeusbildung zu *Stenamma* gehörigen europäischen und amerikanischen Formen, so ergiebt sich, dass alle nur eine geschlossene Cubitalzelle haben. Beim amerikanischen *S. brevicorne* sind die Flügel so gebildet wie bei den *Aphaenogaster*-Arten der Gruppe *Ischnomyrmex* und bei *Solenopsis*, ein Geäder, welches aus dem gewöhnlichen Geäder von *Aphaenogaster* dadurch entstanden sich denken lässt, dass die Querader zwischen beiden Aesten der Cubitalader geschwunden ist: eine starke Biegung des hintern Cubitalastes bezeichnet die Stelle, wo diese Querader ihren Platz gehabt haben dürfte. — Bei der europäischen Art, *S. westwoodi*, sind die Flügel so gebildet wie bei *Tetramorium*: die Querader verbindet sich mit der Cubitalader an der Theilungsstelle 1). Von den mir vorliegenden geflügelten Exemplaren dieser Art, 2 ♀♀ und 1 ♂, bieten nun merkwürdiger Weise 1 ♀ und 1 ♂ als Anomalie an den Vorderflügeln eine zweite geschlossne oder halbgeschlossne Cubitalzelle, basalwärts von der normalen Gabelung der Cubitalader. Diese Anomalien scheinen darauf hinzudeuten, dass das jetzige Geäder von *S. westwoodi* von einem *Aphaenogaster*-artigen Flügelgeäder abstammt. Der gemeinsame Stammvater von *S. westwoodi* und *S. brevicorne* dürfte derartige Flügel besessen haben, aus welchen sich nach zwei verschiedenen Richtungen Flügel mit nur einer geschlossnen Cubitalzelle heraus bildeten.

Nach dem eben Gesagten glaube ich berechtigt zu sein, die Gattungen *Stenamma* und *Aphaenogaster* zu vereinigen und letzterem Namen den Werth eines Untergattungsbegriffes beizumessen. Der Name *Stenamma* wird als der älteste zum Gattungsnamen; ihm untergeordnet sind folgende Untergattungen:

    Subg. *Stenamma* WESTW. sensu stricto.
    — *Goniomma* n. subg.
    — *Aphaenogaster* MAYR.
    — *Ischnomyrmex* MAYR.
    — *Messor* FOREL.

Das Subgenus *Stenamma* im engeren Sinne umfasst die Arten mit zwei Kielen am Clypeus: *S. brevicorne* MAYR und *S. westwoodi* WESTW. mit subsp. *nearcticum* MAYR und *diecki* EMERY.

Das Subgenus *Goniomma* begründe ich zur Aufnahme der südeuropäischen *Aphaenog. blanci* ANDRÉ und *A. hispanica* ANDRÉ, welche durch ihre schief gestellten, wingligen Augen an *Oxyopomyrmex* sich anschliessen. Ob letztere Gruppe als eigne Gattung be-

---

1) Ein ähnliches Geäder finde ich merkwürdiger Weise beim ♀ von *Messor andrei*. Ich habe aber nur leider 1 Exemplar gesehen.

stehen darf oder trotz ihrer 11gliedrigen Fühler auch noch zu *Stenamma* gezogen werden muss, möchte ich vor der Hand unentschieden lassen.

Subgenus *Stenamma* Westw.

S. brevicorne Mayr.

Aphaenogaster brevicornis Mayr, in: Verh. Zool. Bot. Ver. Wien, 1886, p. 447.
Stenamma nearcticum Mayr, ibid., p. 454, ⚥ (nec ♀ et ♂).

Von Herrn Pergande erhielt ich ⚥ und ♀ aus Virginien, ⚥, ♀ und ♂ aus Pennsylvanien.

⚥ und ♀ unterscheiden sich von *S. westwoodi* ausser durch die bedeutendere Grösse hauptsächlich durch die verhältnissmässig feinere Sculptur des Kopfes und Thorax. Die grübchenartigen Punkte sind viel zahlreicher und ebenso tief; das Tegument ist mehr glanzlos; das 2. Stielchenglied entschieden matt und doutlich breiter als lang. Ausserdem ist beim ♀, wie oben bemerkt, das Flügelgeäder verschieden. Die ♀♀ aus Pennsylvanien sind etwas heller und kleiner.

Das ♂ ist braun-schwarz mit lehmgelbem Mund, Fühlern, Beinen und Hinterleibsende. Kopf dicht runzlig punktirt, matt; Thorax oben netzmaschig, etwas glänzend. Die convexen Augen ungefähr $^1/_5$ so lang wie der Kopf, der Clypeus gewölbt, ohne Längskiele, die Mandibeln breit, 5zähnig; der Fühlerschaft ist etwas länger als die 4 ersten Glieder der Geissel; die Glieder der letzteren sämmtlich länger als dick, das letzte nicht ganz so lang wie die 2 vorhergehenden; keine deutliche Keule. Am Thorax bildet das Metanotum eine schief absteigende Ebene, jederseits mit einem breiten, platten, dreieckigen Zahn. Stielchen kürzer und dicker als bei *S. westwoodi*, Flügel wie beim ♀. Länge 3 mm.

S. westwoodi Westw.

Folgende nordamerikanische Formen scheinen mir zur eben genannten Species als Unterarten zu gehören:

subsp. nearcticum Mayr.

Stenamma nearcticum Mayr, l. c. ♀, ♂ (nec ⚥); vergl. auch Mayr, ibid., 1887, p. 628.

Mayr hat diese Ameise aus Californien beschrieben; ein ♀ mit mehreren ♀♀ von Herrn Dieck bei Yale, British Columbia, gesiebt, stimmt zu Mayr's Beschreibung sehr gut; nur die Dornen des Meta-

notums sind bei diesem Exemplar kürzer, worauf ich kein besonderes
Gewicht lege, da sie bei den europäischen Formen [1]) sehr bedeutend
variiren.

Der ☿ unterscheidet sich vom europäischen Typus der Art durch
die dunklere Färbung, den mattern Kopf und Thorax. Pronotum und
Mesonotum sind sehr dicht verworren längsgerunzelt, die Zwischenräume der Runzeln wenig glänzend, etwas punktirt. Metanotumzähne
kurz, stark aufwärts gerichtet. — Schwarz-braun, Mandibeln, Vorderkopf und Fühler roth, Beine, Stielchen sowie Basis und Spitze des
Hinterleibes braun-gelb.

subsp. *diecki* n. subsp.

Der ☿ ist dem europäischen Typus sehr ähnlich und ebenso gefärbt, aber durchschnittlich etwas kleiner. Kopf seichter und etwas
feiner sculptirt, der Hinterkopf ziemlich glänzend; am Thorax sind
Promesonotum und Propleuren glänzend, ersteres ziemlich regelmässig
gerunzelt, die seitlichen Runzeln vorn bogig verbunden, die mittlern längsgerichtet. Die Metanotumzähne sind kräftig, nur wenig nach oben
gerichtet, das Metanotum höher und kürzer als bei *westwoodi* typus
und subsp. *nearcticum*, hinten steiler abfallend und weniger ausgehöhlt.
Länge $2^3/_4$—3 mm.

Das ♀ ist kleiner als beim Typus der Art, auf dem glänzenden
Mesonotum treten die grübchenartigen haartragenden Punkte zurück,
so dass nur noch die regelmässigen Längsrunzeln deutlich bleiben.
Die Metanotumzähne sind auch mehr horizontal gerichtet. Länge $3^3/_4$ mm.

Von Herrn Dr. G. Dieck bei Yale in British Columbia gesiebt.
Herr Pergande sandte mir auch 2 ☿☿ aus Beatty in Pennsylvanien.

---

1) Eine kleinere Form von *S. westwoodi*, die ich hier als var.
striatulum n. var. aufführen will, kommt in Italien vor. — Beim ☿
sind die Runzeln des Kopfes mehr der Länge nach gerichtet als beim
Typus, am Thorax ist das Promesonotum glänzend, sonst fein längsgestreift, die Metanotumzähne auffallend lang, dornartig, schief nach
oben gerichtet, Länge $2^3/_4$—3 mm. — Das ♀ ist $3^1/_2$ mm lang; sein
Kopf ist in der Mitte regelmässig längsgerunzelt, das Mesonotum
etwas glänzend und regelmässig längsgestreift, die Metanotumzähne
lang, dornartig.

Wenige ☿☿ und ein ♀ habe ich vor Jahren bei Neapel aus trocknem
Laub gesiebt; ausserdem besitze ich ein geflügeltes ♀ aus Piemont von
Herrn Gribodo. — Ein geflügeltes ♀ von Rom hält die Mitte zwischen
Varietät und Typus.

Die typische Form von *S. westwoodi* kommt in Italien auch vor.
Ich habe ☿ und ♀ vom mittelitalischen Appennin erhalten.

var. *impressum* n. var.

Ein ⚥-Exemplar von Richs Spring, N. York, weicht von den vorigen durch dunklere Färbung, etwas bedeutendere Grösse sowie den viel breitern und tiefern Eindruck zwischen Mesonotum und Metanotum ab. An letzterem sind die Zähne sehr kurz, stumpf und mehr nach oben gerichtet. Sculptur wie bei subsp. *diecki*, der Kopf hinten etwas weniger glänzend, die Runzeln des Thorax gröber und in geringerer Zahl.

Ein etwas beschädigtes ♂ aus Canada stimmt zu MAYR's Beschreibung von subsp. *nearcticum* ziemlich gut, aber das Flügelgeäder ist wie bei *S. brevicorne*. Von letzterm unterscheidet es sich durch geringere Grösse, glänzenden Thorax und kürzere Fühler mit verhältnissmässig längerm Schaft und dickern Geisselgliedern. Ob es zu einer der eben beschriebnen Formen gehört und zu welcher, muss vorläufig unentschieden bleiben.

Subgenus *Aphaenogaster* MAYR.

S. (Aphaen.) mariae FOREL.

Aus Florida nach FOREL.; von Herrn PERGANDE in D. Columbia gesammelt. — Bis jetzt nur ⚥ bekannt.

S. (Aphaen.) tenesseense MAYR.

Aphaenogaster laevis MAYR.
Myrmica subrubra BUCKLEY.

Nach MAYR in Pennsylvanien, D. Columbia, Maryland, Virginia, Tenessee; ausserdem in N. York und Carolina.

var. *ecalcaratum* n. var.

Aus N. Hampshire von Herrn FOREL eingesandt. Der ⚥ unterscheidet sich vom südlichern Typus der Art durch die äusserst dünnen und kurzen Sporen der hintern Beine, welche einem etwas dickern Haar gleichen. Sculptur und Farbe wie beim Typus.

S. (Aphaen.) subterraneum LATR.

subsp. *occidentale* n. subsp.

Der ⚥ steht der mitteleuropäischen typischen Form der Art sehr nahe: der Kopf ist etwas länglicher, mit schlankern Fühlern, deren mittlere Geisselglieder sehr deutlich länger als dick sind, deren Schaft aber den Hinterrand des Kopfes nur sehr wenig überragt. Der Thorax ist glänzender, das Metanotum nur punktirt, ohne Querrunzeln, seine Basalfläche oben nicht depress. Dornen wie bei *subterraneum*, etwas kürzer als von einander entfernt. — ♀ und ♂ unbekannt.

Pullman City, Washington State, von Herrn PERGANDE. — Andere ♀♀ aus Utah sind grösser und kräftiger, mit etwas dickerer Fühlergeissel und hinten deutlich eingedrücktem Metanotum.

subsp. patruelis FOREL.

Aus der Insel Guadelupe, Nieder-Californien, beschrieben. Wie ich aus brieflichen Mittheilungen FOREL's schliesse, als Unterart von *S. subterraneum* zu betrachten; subsp. *occidentalis* verbindet dieselbe mit dem Typus der Species.

S. (Aphaen.) treatae FOREL.

Nach MAYR in N. Jersey, Maryland und Virginia. Herr PERGANDE sandte sie mir aus D. Columbia, Virginia und Missouri.

Das ♂ wird von FOREL mit 2 Dornen am Metanotum beschrieben. Unter den mir vorliegenden ♂♂ aus D. Columbia finde ich nur eins mit langen und an der Spitze stumpfen Dornen; bei allen andern, darunter 2 aus demselben Fläschchen wie das bedornte Exemplar, sind nur stumpfe Beulen zu sehen. Ein leider sehr beschädigtes Originalexemplar des ♂ aus N. Jersey hat kurze, stumpfe Dörnchen. — Das ♂ von *S. treatae* ist durchschnittlich grösser als das von *S. fulvum* und hat ein mehr gestrecktes Metanotum, oben mit minder ausgeprägten Quereindruck.

var. ashmeadi n. var.

Eine mir in Natur unbekannte, von MAYR in seiner vielfach citirten Arbeit von 1886 ohne Namen beschriebne Varietät aus Florida, welche durch dunkle Farbe und kürzern Lappen des Fühlerschaftes ausgezeichnet ist.

S. (Aphaen.) lamellidens MAYR.

Maryland, Virginia, N. Carolina, Missouri, Florida.

Das ♂ blieb mir unbekannt. Ich vermuthe, dass die merkwürdige von MAYR nach Untersuchung eines einzigen Exemplares beschriebene Bewaffnung des Metanotums nicht beständig ist.

S. (Aphaen.) fulvum Rog.

Von dieser Art liegt mir ein sehr umfangreiches Material aus Ost-Nordamerika von Canada bis Texas (Canada, Connecticut, N. York, Pennsylvanien, Massachusetts, D. Columbia, N. Jersey, Maryland, Virginia, N. Carolina, Missouri, Texas) vor. Vom Westen und von den centralen Gebirgsregionen habe ich kein Exemplar gesehen; die Art scheint daselbst durch die oben beschriebne, im Osten nicht vorkommende Subspecies von S. subterraneum vertreten zu sein.

In seinem weiten Gebiet, welches die Ostküste und die grosse Alluvialregion des Mississipi umfasst, unterliegt S. fulvum bedeutenden Variationen; die Aufstellung von gut charakterisirten Unterarten und Varietäten ist mit grossen Schwierigkeiten verbunden und nur in beschränktem Maass möglich; diese Varietäten sind durchaus nicht deutlich geographisch begrenzt. Bereits Roger hatte die aussergewöhnliche Veränderlichkeit seiner Art erkannt und besprochen. — Die ♀♀ aller Formen von S. fulvum lassen sich von S. subterraneum leicht dadurch unterscheiden, dass bei ersterm der Kopf schmäler ist und dass der zurückgelegte Fühlerschaft den Hinterhauptsrand mindestens um $^1/_4$ seiner Länge überragt.

S. fulvum vertritt in Nordamerika die mediterrane Art S. gibbosum Latr. (striola Rog.), von welcher sie kaum specifisch getrennt werden dürfte. — Das ♂ des typischen S. gibbosum ist zwar durch die Bildung des Thorax sehr ausgezeichnet, aber wie an den Varietäten von S. pallidum Nyl. und testaceo-pilosum Luc. gezeigt werden kann, unterliegt die Form des männlichen Thorax innerhalb der Species im subg. Aphaenogaster sehr bedeutenden Schwankungen.

Als Typus der Art betrachte ich eine der grössern, stärker sculptirten Formen, deren ♀ mit kräftigen, langen und schief aufsteigenden Dornen versehen ist, welche kaum kürzer sind als die abschüssige Fläche des Metanotums und meist länger als die Hälfte der Basalfläche desselben Segments. Bei grössern und mittelgrossen Exemplaren ragt der Vorderrand des Metanotums über das Pronotum stark höckerartig vor. Der Kopf ist ganz matt, nur am Rande des Hinterhauptsloches schwach glänzend; er ist dicht punktirt und unregelmässig netzartig gerunzelt; das Pronotum ist nicht nur dicht punktirt, sondern auch mehr oder minder deutlich querrunzlig. Die Knoten des Stielchens oben ganz matt, nur vorn etwas glänzend. Die Basis des eigentlichen Hinterleibes ist auf eine kurze Strecke fein gestreift. Die Farbe ist hell-rostroth bis rostbraun, die Gliedmaassen und das Stielchen heller; Kopf und Hinterleib dunkler. Länge $4^1/_2$—5 mm.

Das ♀ unterscheidet sich von dem der subsp. *aquia* BUCKL. durch meist bedeutendere Grösse ($7^1/_2$—8 mm) und längere, stärkere Metanotumdornen, die kaum kürzer sind als von einander entfernt und meist sehr deutlich nach oben gerichtet. Das Mesonotum ist glanzlos, tief und regelmässig längsgerunzelt.

Das ♂ ist durchschnittlich etwas grösser und kräftiger als bei subsp. *aquia* und dunkel gefärbt: schwarz-braun, Mandibeln und Fühler bräunlich-gelb, Beine gelb-braun. M e s o n o t u m w e n i g s t e n s h i n t e n und S c u t e l l u m dicht p u n k t i r t und g l a n z l o s; das Metanotum ist in beiden Formen gleich gestaltet, länger als hoch, hinten jederseits mit einem stumpfen Höcker. Länge 4—$4^1/_2$ mm.

N. York, Pennsylvania, D. Columbia, N. Jersey, Virginia, Maryland.

Uebergänge zur folgenden Unterart sind verhältnissmässig selten; ich erhielt solche in allen 3 Geschlechtern von Virginia.

subsp. *aquia* BUCKL.

Myrmica (Monomarium) aquia BUCKLEY, l. c. p. 341.

Ich glaube nicht zu irren, wenn ich, wie mir Herr PERGANDE es vorschlägt, auf BUCKLEY's Beschreibung folgende weit verbreitete Form beziehe.

Der ☿ ist durchschnittlich kleiner als beim Typus (4—$4^3/_4$ mm); die Körpergrösse scheint aber etwas veränderlicher zu sein; die Dornen des Metanotums werden von BUCKLEY als „small spines ... which are a little inclined posteriorly" bezeichnet; sie sind bedeutend kürzer als die abschüssige Fläche des Metanotums und kürzer als die halbe Basalfläche; bei Seitenansicht bildet ihre dorsale Grenzlinie mit dem Rücken des Metanotums einen sehr stumpfen Winkel. Das Mesonotum ragt, von der Seite gesehen, nur wenig über das Pronotum hinaus und erscheint nicht höckerartig. Die Sculptur des Kopfes ist bei grössern Exemplaren fast wie beim Typus, bei kleinern schwinden die Runzeln und lassen, wenigstens im hintern Theil, nur die dichte Punktirung erkennen. Ein ziemlich glatter, glänzender Raum am Hinterhauptsloch ist deutlich ausgeprägt. Am Pronotum sind Runzeln meist ganz undeutlich. Farbe wie beim Typus, selten ganz hellröthlich.

Das ♀ ist etwas kleiner ($6^1/_2$—$7^3/_4$ mm). Die Metanotumdornen sind sehr deutlich kürzer als von einander entfernt, gewöhnlich fast horizontal oder schwach aufsteigend. Sculptur und Farbe sonst wie beim Typus.

Das ♂ ist schlanker als beim Typus und selten über 4 mm lang; rostbraun, der Kopf pechbraun, der Thorax mit 3 dunkelbraunen, wolkigen Längsbinden; Mandibeln, Fühler und Beine gelb. **Mesonotum und Scutellum weitläufig punktirt und stark glänzend.**

Diese Unterart scheint besonders im Süden weiter verbreitet zu sein als die vorige und zwar in der eben beschriebnen Grundform bis N. Carolina; Varietäten reichen bis nach Texas und selbst Mexico. Sie variirt auch sehr bedeutend, aber die verschiedenen Formen gehen in einander derart über, dass ich es nicht für zweckmässig hielt, alle zu beschreiben: es wird genügen, einige extreme Variationen zu definiren, da die übrigen als Uebergänge zu denselben angesehen werden können.

var. *rude* n. var.

Im Süden kommen mehrfach auffallend grosse (Länge bis $5^{1}/_{2}$ mm) ☿☿ vor, mit rauh, etwas längsstreifig gerunzeltem Kopf, oft mit sehr deutlichen Querrunzeln am Prothorax und ziemlich langen, aber nur wenig geneigten Metanotumdornen; die Farbe ist oft heller als bei *aquia*, mit dunklem oder sogar braunem Hinterleib. Die Stirnleisten sind bei grössern Exemplaren stark vorspringend, und an ihnen lässt sich über dem Fühlergelenk, deutlicher als bei andern Formen, eine vorragende Lamelle erkennen, welche aber bei weitem nicht so ausgebildet ist wie bei *S. lamellidens*. Es ist mir nicht unwahrscheinlich, dass eigentliche Uebergangsformen von dieser Varietät zu *lamellidens* vorkommen. — ♀ wie *aquia*. — ♂ unbekannt.

D. Columbia, Virginia, N. Carolina.

Einige ☿☿ aus Mexico sind sogar noch rauher sculptirt als diese Varietät, mit langen, aber fast horizontalen Dornen. Farbe viel dunkler, schwarz-braun mit hellrothen Gliedmaassen. Ich bezeichne diese Form als var. *astecum* n. var.

var. *piceum* n. var.

☿. Kopf nur schwach gerunzelt, hinten nur punktirt; Hinterkopf zum Theil glänzend. Pronotum absolut ohne Runzeln, fein punktirt, oft mit schwachem Glanz; Dornen etwas länger als meist bei *aquia* und deutlich aufsteigend; Farbe pechschwarz, Mandibeln, Beine und Fühler heller.

♀. Ebenso gefärbt; am glänzenden Mesonotum sind die Längsrunzeln seichter als sonst, vorn meist eine glatte Fläche überlassend.

♂. Pechbraun mit hellen Gliedmaassen; Sculptur wie bei *aquia*; meist eben so gross und kräftig gebaut wie der Typus der Art.

Scheint eine nördliche Form zu sein: ich erhielt sie aus Canada, Connecticut, Pennsylvania, D. Columbia, N. York, N. Jersey. Manche Exemplare bilden durch stärkere Sculptur und kürzere Dornen den Uebergang zu *aquia*.

var. *pusillum* n. var.

Ich begründe diese Varietät auf einige ♀♀ von Washington D. C., welche durch ihre Kleinheit auffallen. Länge $3^{1}/_{4}$—$3^{3}/_{4}$ mm. Kopf und Pronotum durchaus ohne Runzeln, nur punktirt, Hinterhaupt glänzend. Dornen sehr kurz, beinahe horizontal. Farbe röthlich-braun mit röthlich-gelben Gliedmaassen. — Andere Exemplare sind heller gefärbt, mit etwas deutlicher aufsteigenden Dornen und Spuren von Runzeln am Kopf. — ♀ und ♂ unbekannt.

Es ist möglich, dass dies nur eine schlecht genährte Zwergform aus beginnenden Nestern ist und nicht eine erbliche Varietät.

var. *texanum* n. var.

Es liegen mir von dieser Form nur 2 ♀♀ aus Texas vor. — Ganz honiggelb. Kopf etwas schmaler als bei gleich grossen Exemplaren der andern Formen, matt punktirt und etwas netzmaschig längsgerunzelt. Pronotum nur punktirt. Die Metanotumdornen zwar kurz, aber beinahe um 45° aufsteigend. Länge $5^{1}/_{2}$ mm.

S. (*Aphaen.*) *albisetosum* MAYR.

Aus Neu-Mexico beschrieben.

Subgenus **Messor** FOREL.

S. (*Messor*) *andrei* MAYR.

Ist mir wie sonst andere Arten der Untergattung nur aus Californien bekannt. Von S. Isabel Valley (S. Diego Co.) sandte mir Herr PERGANDE mit 2 ♀♀ ein geflügeltes ♀ dieser Art. Dasselbe ist 9 mm lang; Sculptur wie beim ♀, Behaarung noch länger; die Dornen am Metanotum kürzer, etwa 2 Mal so lang wie an der Basis breit, gerade nach hinten gerichtet. Die Flügel sind fast wasserhell, an der Basis etwas bräunlich, die Rippen hellbraun, das Stigma dunkler. Das Geäder bietet an beiden Vorderflügeln nur eine geschlossene Cubitalzelle, wobei die Querader sich mit der Cubitalader an der Theilungsstelle verbindet (wie bei *Tetramorium* und *Formica*); der Stamm der Cubitalader ist geschlängelt und hat einen Anhang, der auf eine geschwundene 2. Cubitalzelle hindeutet. Ob dies der normale Zustand dieser Art ist, dürfte fraglich bleiben.

S. (Messor) pergandei Mayr.

Ebenfalls nur aus Californien.

S. (Messor) stoddardi n. sp.

☿. *Nitida, obscure ferruginea, abdomine magis minusve piceo, breviter sat copiose pilosa, capite subquadrato, praesertim postice disperse regulariter grosse punctato, antice rudius, postice subtilius striato, subtus pilis brevibus haud copiosis, mandibulis striatis, simul subsemicircularibus; thorace ruguloso, pleuris et metathorace praeterea confertim punctatis, subopacis, dorso post mesonotum profunde impresso, metanoto spinis brevibus, acutis; pedunculi validi lateribus punctatis, opacis, nodorum dorso nitido, abdomine reliquo inter puncta piligera vix perspicue punctulato. Long.* 5—6 *mm.*

S. Jacinto, Californien, von Herrn Pergande erhalten.

Im Körperbau der vorigen Art sehr ähnlich, aber durch Sculptur und Behaarung unterschieden. Der Kopf ist vorn ziemlich regelmässig gestreift-gerunzelt; hinten ist die Streifung feiner und an den Hinterecken verwischt, es treten deswegen die zerstreuten, grübchenartigen, haartragenden Punkte in den Vordergrund, welche nur ganz vorn fehlen. An den Wangen ist der Grund der Streifen sehr fein punktirt und daher wenig glänzend. Die zusammengenommen halbkreisförmigen und am Kaurand nur undeutlich gezähnelten Mandibeln sind gestreift. An der Unterseite des Kopfes nur kurze und zerstreute Borsten. Die Fühler sind kürzer und dicker als bei *pergandei*, die Geisselglieder nur wenig dicker als lang (bei *pergandei* mehr als anderthalb Mal so lang wie dick). Thorax wie bei *pergandei* zwischen Mesonotum und Metanotum tief sattelförmig eingedrückt; Metanotum mit wenig aufsteigenden Dornen, die etwa halb so lang sind wie die abschüssige Fläche. Der Thorax ist längsgerunzelt, die Pleuren und das Metanotum ausserdem fein punktirt. Am kräftigen Stielchen trägt das 1. Segment einen oben abgerundeten Knoten, der etwas kürzer als breit ist und wenig breiter als der vordere, stielartige Abschnitt; 2. Segment fast kuglig. Das ganze Thier sammt Fühlerschaft und Beinen ziemlich reichlich mit kurzen, gelblichen Borstenhaaren besetzt.

S. (*Messor*) *carbonarium* PERGANDE.

Aphaenogaster carbonaria PERGANDE, in: Proc. Calif. Acad. Sc., (2) V. 4, p. 163, 1894.

sowie

S. (*Messor*) *julianum* PERGANDE.

Aphaenogaster juliana PERGANDE, ibid., p. 164.

aus Nieder Californien haben mir nicht vorgelegen. Beide gehören zur Untergattung *Messor*, und zwar ist erstere mit *S. pergandei*, letztere mit *S. andrei* verwandt.

Pogonomyrmex MAYR.

P. barbatus F. SM. var. *molefaciens* BUCKL.

☿ und ♀ dieser in Texas lebenden Form sind vom mexicanischen Typus der Art nicht zu unterscheiden; sie dürfte sogar mit demselben vermengt werden, wenn nicht die ♂♂ durch ihre abweichende Färbung sich davon unterscheiden liessen.

Der Kopf des ☿ ist sehr gleichmässig und fein gestreift, am Scheitel gröber als einwärts von den Augen; analysiren wir diese Streifung genauer, so ergiebt sich, dass jede Längsrunzel des Scheitels je 2 solchen am Innenrand der Augen entspricht; in ihren Zwischenräumen sind Spuren einer Zwischenrunzel erkennbar; der Grund der Streifen ist ziemlich glänzend und nur sehr undeutlich genetzt; die Streifung wird unterbrochen durch spärliche borstentragende Punkte oder Grübchen. Die Mandibeln sind sehr gleichmässig und scharf gestreift, am Aussenrand gegen die Spitze eine glatte Fläche. Der Thorax ist fein gestreift, die Streifen ziemlich regelmässig, auf dem Pronotum bogig, am Vordertheil des Mesonotums längsgerichtet, sonst oben quer, an den Seiten schief. Beide Stielchenknoten sind mehr oder weniger deutlich quergestreift. Farbe hellroth, Mandibeln und manchmal eine wolkige Binde am Rande des Basalsegmentes des eigentlichen Hinterleibes braun-roth.

Das ♀ ist ungefähr so sculptirt und gefärbt wie der ☿. Das Scutum und das Scutellum glänzend und schwach längsgestreift.

Das ♂ ist ganz hellrötblich mit etwas dunklerm Abdomen. Die Streifung des Kopfes ist nur am Scheitel deutlich, obgleich schwach und fein; die Mandibeln glatt und glänzend. — Beim Typus sind Kopf und Thorax braun, die Beine und der Hinterleib roth; die Mandibeln ziemlich undeutlich gestreift.

var. *fuscatus* n. var.

Als solche bezeichne ich eine Form aus Colorado, deren ⚥ dem Typus nahe steht, aber durch dunklere Färbung ausgezeichnet ist. Der Körper ist braun-roth, mit dunklern Mandibeln; der Hinterleib zum Theil oder ganz braun. Sculptur etwas stärker als bei *barbatus* i. sp. und var. *molefaciens*, die Stielchenknoten matt, dicht gestreift. Die Längsstreifung des Mesonotums dehnt sich manchmal auf das Pronotum divergirend aus; eine Andeutung dieser Sculptur sehe ich auch an einigen Texaner ⚥⚥ von *molefaciens*.

Andere ⚥⚥ aus N. Mexico sind noch etwas dunkler, aber schwächer sculptirt, ungefähr wie bei *molefaciens*.

♀♀, welche zu etwas hellern ⚥⚥ aus Colorado gehören, sind dunkler als das ♀ von *molefaciens*; das Abdomen hat dunkelbraune Querbinden am Hinterrand der Segmente; sonst wie *molefaciens*.

♂ unbekannt.

Noch andere ⚥⚥ aus Colorado sind dunkel braun-roth mit rothem Hinterleib, der eine wolkige, braune Querbinde trägt. Die Sculptur des Thorax ist rauher und unregelmässiger und bezeichnet einen Uebergang zu folgender:

subsp. *rugosus* n. subsp.

Als besondere Unterart bezeichne ich eine Form aus S. Jacinto, Californien, welche durch viel rauhere Sculptur ausgezeichnet ist. Ich hätte sie sogar als Species aufgestellt, wenn die oben erwähnten ⚥⚥ aus Colorado nicht den Uebergang zu *barbatus* bildeten.

Bei den mir vorliegenden ⚥⚥ sind Thorax, Beine, Stielchen sowie Basis und Spitze des eigentlichen Hinterleibes braun-roth, Kopf, Schenkel und Rest des Hinterleibes dunkelbraun. — Der Kopf ist hinten gröber und viel minder regelmässig gestreift als bei *barbatus*, zwischen je 2 Längsrunzeln sind Spuren von 2—3 feinern bemerkbar; jede Runzel des Scheitels entspricht demnach 3—4 solchen am Augeninnenrand; die Mandibeln sind gröber und minder regelmässig, mehr runzlig gestreift als bei *barbatus*. Die Streifung des Thorax besteht aus sehr groben, unregelmässigen Runzeln, am Pronotum und Mesonotum geschlängelt und ziemlich verworren, sonst hauptsächlich quergestellt. Der Knoten des 1. Stielchengliedes ist ziemlich stark, unregelmässig gerunzelt, sein vorderer stielartiger Abschnitt kürzer als gewöhnlich bei *barbatus*; das 2. Segment ist runzlig punktirt.

♀ unbekannt.

♂♂ aus Bernardino Co., Californien, welche wohl zu dieser Form gehören, sind ungefähr so gefärbt wie der mexicanische Typus von *barbatus*, aber noch etwas dunkler; Kopf und Thorax pechbraun, Fühler, Beine und Hinterleib dunkelroth. Die Mandibeln sind grob und ziemlich scharf längsgerunzelt.

P. subdentatus Mayr.

Hat mir nur aus Californien vorgelegen, woher ich ihn von Herrn André erhielt. Mayr erwähnt dieselbe Art auch von Connecticut, eine Angabe, die mir fraglich scheint.

P. occidentalis E. T. Cresson.

Nach Mayr in Colorado, Kansas, Nebraska, Nevada, Wyoming, Utah, Arizona. Ich besitze nur wenige ☿☿ dieser Art, welche in der Sculptur des Kopfes gewisse Unterschiede erkennen lassen, deren Werth zu bestimmen ich nicht im Stande bin. Mein Freund, Herr Prof. Forel, gab mir ein von Herrn Rothney auf Honolulu gesammeltes Exemplar dieser Art, was, da die Gattung *Pogonomyrmex* sonst ausschliesslich amerikanisch ist, von Interesse sein dürfte.

var. subnitidus n. var.

Der ☿ unterscheidet sich vom Typus der Art durch etwas glänzende Oberfläche des Kopfes, was davon abhängt, dass die zwischen den Streifen dicht gestellten Punkte weniger tief sind und ihr Grund glänzend bleibt. Auch das Stielchen ist minder matt als bei *occidentalis*; sonst alles wie bei dieser Form.

Einige ☿☿ aus S. Diego Co., Californien, von Herrn Pergande.

P. badius Latr. (nec Mayr).

Formica badia Latr., Fourmis, p. 238, 1802.
Myrmica transversa F. Sm., Cat. Br. Mus., p. 128, 1858.
Atta crudelis F. Sm., ibid. p. 170.
Pogonomyrmex crudelis Mayr, in: Ann. Soc. Nat. Modena, V. 3, p. 170, 1868.
Pogonomyrmex transversus Mayr, in: Verh. Z. B. Ges. Wien, 1886, p. 450.
? *Myrmica brevipennis* F. Sm., l. c. p. 130, 1858.

Herr Pergande machte mich darauf aufmerksam, dass die von Mayr als *P. badius* bestimmte Art nur in Californien vorkommt und deswegen nicht der von Latreille aus Carolina beschriebenen *Formica badia* entsprechen kann. Die Latreille'sche Beschreibung passt aber ganz gut auf die in den Südweststaaten heimische dornenlose Art. Ich nehme darum keinen Anstand, sie mit derselben zu identificiren und die Smith'sche *Myrmica transversa* und *Atta crudelis* als Synonyme zu ihr zu stellen.

Ich sah nur Exemplare aus Florida; ausserdem kommt sie in Georgien (SMITH) und Carolina (LATREILLE) vor.

P. californicus BUCKL.

Myrmica californica BUCKLEY, in: Proc. Entomol. Soc. Philadelphia, 1866, p. 286.
Pogonomyrmex badius MAYR, in: Verh. Z. B. Ges. Wien, 1870, p. 971; 1886, p. 450 (nec LATR.).

Die Beschreibung BUCKLEY's kann nur auf eine hellrothe, dornlose Form von *Pogonomyrmex* passen: aus geographischen Gründen diese Art. Meine Exemplare erhielt ich von Herrn PERGANDE aus S. Jacinto, S. Californien.

var. *estebanius* PERGANDE.

In: Proceed. Californ. Acad. Sc. (?), V. 4, p. 33, 1893.

Eine Varietät mit etwas schlankerm Stielchen und von dunklerer Färbung hat Herr PERGANDE unter diesem Namen beschrieben und mir zugesandt. S. Esteban, S. Borgia und Margarite Island in Nieder-Californien.

subsp. *longinodis* n. subsp.

Ich würde diese Form als besondere Species aufgeführt haben, wenn nicht die var. *estebanius* vermuthen liesse, dass es Uebergänge von *P. californicus* zu derselben giebt. — Der ⚥ unterscheidet sich von dem des *P. californicus* durch das schlankere Stielchen, dessen 2. Glied nicht so hoch ist wie lang; beim 1. Stielchenglied ist der vordere stielartige Abschnitt kürzer als der sehr lange und oben zugespitzte Knoten. Sculptur schwächer als bei *californicus*; Streifung seichter, Punktirung auf den Zwischenräumen noch schwächer; Stielchen nur fein punktirt, ohne Runzeln. Farbe ziemlich hellroth, Hinterleib mit Ausnahme des Stielchens und der Basis braun.

Colorado Desert, Californien, von Herrn PERGANDE.

Einen Schlüssel zur Bestimmung der *Pogonomyrmex*-Arten hat MAYR in: Verhandl. Zool. Bot. Ges. Wien, 1887, p. 608 gegeben.

Myrmica LATR. (MAYR sensu str.).

M. mutica n. sp.

⚥. *Laete rufa, opaca, abdomine (excepto segmento pedunculi 1.) pedibusque nitidis; caput creberrime punctatum, longitrorsum rugosostriatum et punctis piligeris majoribus impressum, antennarum scapo basi leniter arcuato, flagelli clava 5 articulata. Thorax spinis destitutus, dorso medio sellae instar depressus, quoad sculpturam superne capiti similis, pleuris fortius longitrorsum rugosis, metanoto rotundato, postice transverse rugoso; abdomen segmento pedunculi* 1. *creberrime punctato, opaco, antice petiolato, postice cum nodo rotundato,* 2. *laeviore, nitido, sequentibus nitidissimis.* Long. 4$^1/_2$—5 mm.

Denver, Colorado, von Herrn PERGANDE eingesandt. Herr ANDRÉ erhielt dieselbe Art aus N. Mexico.

Diese Form vertritt in N. Amerika die paläarktische *M. rubida*, welcher sie sehr ähnlich ist; sie könnte auch zu derselben als Unterart gezogen werden. Die Sculptur ist überall dichter und schärfer, daher der ganze Körper mit Ausnahme des 2. Stielchengliedes und des eigentlichen Hinterleibes mehr glanzlos. Hinterkopf und Prothorax matt, punktirt und langsgerunzelt; auch die Beine sind deutlich punktirt, wovon *rubida* nur unbedeutende Spuren zeigt.

M. punctiventris ROG.

Herr PERGANDE sandte mir alle drei Geschlechter aus D. Columbia (August 23). Das noch unbeschriebene ♂ unterscheidet sich von den andern Arten (wie die ♀♀ und ☿☿) durch die groben Punkte des Abdomens. Fühlerschaft gerade, länger als die Hälfte der Geissel; Keule 4gliedrig. — MAYR erwähnt diese Art noch aus N. Jersey und Virginia.

M. rubra L.

Von den zur *rubra*-Gruppe gehörigen Formen führt MAYR aus Nordamerika *M laevinodis, ruginodis, sulcinodis, scabrinodis* und *lobicornis* auf. Ich habe nur von *scabrinodis* Exemplare gesehen, die von den europäischen nicht unterschieden werden können. Die mir bekannten Formen lassen sich in folgender Weise unterscheiden:

subsp. *brevinodis* n. subsp.

Als Typus dieser Unterart betrachte ich einige helle ☿☿ vom Utah Salt Lake. — Hellroth, Scheitel und Mitte des Hinterleibes gebräunt. Sculptur des Kopfes ungefähr wie bei *rugulosa* NYL., in der Mitte gestreift, seitlich genetzt, mit punktirtem Grund der Furchen und Maschen. Fühlerschaft an der Basis bogig gekrümmt. Thorax mit feinen, mässig langen, etwas gekrümmten Dornen. 1. Segment des Hinterleibsstielchens auffallend kurz, noch ein wenig kürzer als bei *sulcinodis* NYL.; das obere Profil steigt schwach concav auf, bildet dann einen ziemlich scharfen Winkel und steigt mit ungleichmässiger Curve wieder ab; beide Knoten sind matt punktirt, der erste etwas gerunzelt, der zweite seitlich mit einigen länglichen Grübchen.

Länge 4 mm. — Von dieser extremen Form kenne ich nur Arbeiter.

Andere ☿☿ aus Colorado, S. Dakota und N. York weichen durch dunklere Farbe, bedeutendere Grösse, rauhere Sculptur und stärker, d. h. etwas mehr winklig gebogenen Fühlerschaft ab. Sie bilden etwa den Uebergang zu *sulcinodis*; darunter ein ♀ von S. Dakota.

Ein ♂ von Colorado, im Flug gefangen, gehört vielleicht dazu; es unterscheidet sich vom ♂ der *M. sulcinodis* durch etwas kürzern Fühlerschaft, der nicht ganz so lang ist wie die halbe Geissel, und durch schwächere Sculptur. Stirnfeld fein punktirt, nicht gerunzelt. Durch diese Merkmale hat dieses Exemplar Aehnlichkeit mit dem ♂ von *laevinodis* NYL., aber die Fühlerkeule ist, wie bei *sulcinodis*, 4gliedrig. Die Tibien sind wie bei *sulcinodis* kurz und schief behaart.

var. *sulcinodoides* n. var.

Noch andere ☿☿ aus S. Dakota, Utah und Maine nähern sich durch den noch schärfer gebogenen, fast geknickten Schaft noch mehr der echten *M. sulcinodis*. Das Stielchen ist aber nicht so stark und regelmässig gefurcht wie bei der europäischen Gebirgsform. — Ein wirklich typisches Exemplar von *M. sulcinodis* hat mir aus Nordamerika nicht vorgelegen.

Ich vermuthe, dass MAYR meine *brevinodis* als *ruginodis*, ihre var. als *sulcinodis* gedeutet hat. Diese Formenreihe entspricht etwa den von FOREL erwähnten Uebergängen zwischen *ruginodis* und *sulcinodis* in Europa.

subsp. *scabrinodis* NYL.

Unter diesem Namen vereinige ich jene Formen, deren Fühlerschaft deutlich geknickt ist und an der Knickung entweder keinen Zahn oder einen solchen oder sogar einen Lappen tragen, deren 1. Stielchenknoten oben mehr oder weniger abgerundet ist, der 2. oben meist fein punktirt und glanzlos, seitlich längsgerunzelt, oder mit länglichen Grübchen.

Wir können folgende Formen unterscheiden:

var. *fracticornis* n. var.

☿. Klein, dunkel gefärbt; Fühlerschaft geknickt, an der Basis wenig compress, ohne oder mit einem kleinen, spitzen Zahn. Thorax mit auffallend kurzen Dornen (in dieser Beziehung fast wie *laevinodis*).

— Connecticut von Herrn PERGANDE; Buffalo (N. York), von Herrn WASMANN erhalten.

Andere ☿☿ aus Dakota sind etwas heller, der Scapus an der Basis mehr compress. Bei einem dazu gehörigen ♀ trägt er einen deutlichen, schiefen Lappen. Diese Form bildet den Uebergang zu:

var. *sabuleti* MEINERT.

Myrmica sabuleti MEINERT, in: Bidrag Danske Myrers Naturh., p. 55' 1860.

Dies ist die gemeinste Form in Nordamerika. Dieselbe oder eine fast identische Form kommt auch in Europa vor und entspricht meiner Ansicht nach der von MEINERT aufgestellten *M. sabuleti*, welche ich wegen der Fühlerbildung sowohl des ☿ wie des ♂ nicht zu *lobicornis* bringen kann, wie ANDRÉ thut, sondern zu dieser weit verbreiteten Varietät von *scabrinodis*.

Die ☿☿ und ♀♀ sind durch kein constantes Merkmal von der typischen *scabrinodis* zu trennen. Das ♂ weicht davon ab durch den bedeutend längern Fühlerschaft, welcher bei den amerikanischen Exemplaren etwas mehr als $1/_3$ der Geissel lang ist; bei den europäischen etwas kürzer, zwischen $1/_4$ und $1/_3$. In Europa ist dieses Verhältniss ziemlich variabel, und ich möchte deswegen auf geringe Schwankungen desselben kein besonderes Gewicht legen. Die amerikanischen ☿☿ haben durchschnittlich kürzere Metanotumdornen als die europäischen, aber auch hierin ist die altweltliche Rasse sehr veränderlich. Der Fühlerschaft der ☿☿ ist in dieser Varietät an der Basis deutlich compress, an der Knickung mit einem kleinen, schiefen, spitz-zahnartigen Lappen.

Ich erhielt Exemplare aus Nebraska, S. Dakota, Virginia, N. Jersey, D. Columbia, Massachussetts.

Eine Abstufung dieser Varietät bilden ☿☿ und ♀♀ aus Virginia, Maryland, N. Jersey und Connecticut, deren Fühlerschaft an der Biegung noch stärker plattgedrückt ist und einen kurzen, aber deutlich schaufelförmigen Lappen trägt, der sich an der hintern Seite des Schaftes in die entsprechende Kante des Basaltheiles fortsetzt; sonst wie die andern Exemplare. — Bei den mir vorliegenden ♂♂ ist der Fühlerschaft etwas kürzer als $1/_3$ der Geissel. — Derart bilden sowohl ☿ als ♂ den Uebergang zur var. *schencki*.

Andere ☿☿ aus S. Dakota und Connecticut sind kleiner und dunkelgefärbt und stehen daher der var. *schencki* noch näher.

var. *schencki* n. var.

Myrmica lobicornis FOERST., Hymenopt. Studien, p. 69, 1850. — ☿, ♀.
— — SCHENCK, Beschreibung Nassauischer Ameisenarten, p. 82, 1852. — ☿, ♀, ♂.
— — MAYR, Formicina Austriaca, in: Verh. Z. B. Ges. Wien, 1856, p. 412 (nec MAYR, Europ. Form., 1861).
— — MAYR, in: Verh. Z. B. Ges. Wien, 1886.

Diese Form wurde bis jetzt mit *M. lobicornis* NYL. verwechselt und vermengt. — Der ☿ ist von derselben durch längere Dornen des Metanotums verschieden. Der 1. Knoten des Stielchens ist auch oben meist weniger winklig, oder sogar etwas depress und abgerundet. Die Farbe der amerikanischen Exemplare ist meistens ziemlich dunkel, schmutzig braun-roth, Kopf und Hinterleib schwärzlich. — Was aber diese Form von *lobicornis* besonders unterscheiden lässt, sind die Fühler des ♂. Der Schaft ist dick und kurz, kürzer als bei *sabuleti* und selten länger als $1/_4$ der Geissel, bei den meisten europäischen Exemplaren etwas kürzer, nahe der Basis stumpf geknickt.

Ich erhielt von Herrn PERGANDE ☿☿ dieser Form aus Maine und N. Jersey; ein ♂ von N. Hampshire sandte mir Herr Prof. FOREL. Aussergewöhnlich helle ☿☿ und ♀♀ besitzt das Berliner Museum aus Carolina; dazu ein ♂ mit besonders grossen und spitzen Zähnen am Metanotum. Einige etwas zu *sabuleti* übergehende ☿☿ theilte mir Herr WASMANN aus Buffalo, N. Y., mit.

In Europa scheint diese Ameise im Flachland verbreitet zu sein. SCHENCK beschrieb das charakteristische ♂ zuerst aus Nassau. Ich erhielt ☿, ♀, ♂ aus Limburg von Herrn WASMANN; derselbe schickte mir auch ☿☿ von Prag, sowie einen ☿ und ein ♀ von Aachen aus FÖRSTER's Sammlung, welche wohl die Typen der oben citirten Beschreibung dieses Autors sein dürften. Die Beschreibung MAYR's in „Formicina austriaca" (1856) stimmt mit der SCHENCK'schen überein. Dagegen schreibt derselbe Verfasser in seinen „Europäischen Formiciden" (1861) dem ♂ der *M. lobicornis* einen langen, geknickten Schaft zu, genau wie NYLANDER angab; er hatte dann die echte *lobicornis* vor sich.

Mir liegen echte *lobicornis*-♂♂ von Norwegen (FOREL) und von den Alpen (WASMANN) vor. Die entsprechenden ☿☿ haben viel kürzere und dünnere Metanotumdornen als *schencki*; der 1. Stielchenknoten ist oben viel spitzer und schärfer winklig. Ich halte *M. lobicornis* für eine arktische und alpine Form; ihre Verbreitung entspricht wohl der von *M. sulcinodis*. In Amerika wurde sie bis jetzt nicht beobachtet. — Herr FOREL schreibt mir, dass er in Roveredo (Graubünden) einige ♂♂ gefunden hat, welche in Bezug auf Länge des Schaftes zwischen *lobicornis* und *schencki* die Mitte halten.

var. *detritinodis* n. var.

Diese Varietät begründe ich auf 3 ♀♀ von Kittery Point, Maryland, welche einer kleinen *lobicornis* ziemlich ähnlich sehen: Farbe sehr dunkel, Dornen kurz, Metanotum zwischen denselben mit einigen Runzeln; 1. Stielchenglied oben eckiger als bei *schencki*; 2. oben in der Mitte mit einem breiten, spiegelglatten, länglichen Streifen; Fühlerschaft mit breitem, schaufelartigem, abgerundetem Lappen.

Bei dieser Bearbeitung der nordamerikanischen Formen von *Myrmica rubra* und der damit nothwendig verbundnen Vergleichung der europäischen habe ich den Eindruck gewonnen, dass auch letztere zum Theil einer Revision bedürfen, welcher aber ein sehr reichhaltiges und sorgfältig gesammeltes Material zu Grunde liegen müsste. Besonders gilt dies für die weit verbreitete *M. scabrinodis* und die mit ihr verwandten *M. rugulosa* und *lobicornis*. Eigentlich maassgebend scheinen die ♂♂ zu sein, deren Fühlerbildung für die Charakterisirung einer Unterart oder Varietät nicht unberücksichtigt bleiben dürfte. — Die jetzige Richtung der Entomologie verlangt, dass jede einigermaassen fixirte Abweichung, wenn sie auch keine eigentliche Species ist, doch nicht einfach in das Gewirr der Synonymie geworfen, sondern ihre Beziehungen zu andern Formen genau untersucht und festgestellt werden. Die Abgrenzung der geographischen Gebiete von *M. lobicornis* und *schencki*, von *M. scabrinodis* und *sabuleti* und dergl. würde für die Geschichte der Wanderungen der Ameisenarten von besonderm Interesse sein. Für Limburg theilt mir Herr WASMANN mit, dass die Verbreitung der *Myrmica*-Unterarten hauptsächlich von der Beschaffenheit des Bodens abhängt, indem *M. laevinodis* auf schwerem Boden oder sonst auf Culturboden häufig ist und in Eichengebüsch nie vorkommt, während daselbst sowie auf Sandboden, auch auf feuchtem, *M. ruginodis* lebt und *M. scabrinodis* (var. *sabuleti*) mit *schencki* und *rugulosa* auf trocknem Sandboden zu Hause ist.

Auch für die nordamerikanische *Myrmica rubra* halte ich meine Resultate durchaus nicht für endgiltige; mein Material war dafür zu gering und ich hatte nur von 2 Formen die ♂♂ vor mir.

Zur Gattung *Myrmica* gehört offenbar wegen ihres Flügelgeäders noch *M. dimidiata* SAY, welche aber nicht specifisch bestimmbar ist. Merkwürdiger Weise hat sowohl MAYR wie mir keine *Myrmica* aus den südlichsten Staaten der Union vorgelegen.

Leptothorax MAYR.

Die nordamerikanischen Arten stehen zum Theil den europäischen *L. acervorum* und *muscorum* sehr nahe, zum Theil bilden sie eigenthümliche Gruppen. Keine von den bis jetzt bekannten schliesst sich den südamerikanischen Arten an. — Zwei neue Formen weichen von allen übrigen sehr bedeutend ab; ich habe sie als besonderes Subgenus „*Dichothorax*" abgetrennt, welches vielleicht, wenn die Geschlechtsthiere bekannt sein werden, zum Range einer Gattung erhoben werden dürfte.

Zur Bestimmung der Arbeiter gebe ich folgende Tabelle:

I. Thorax in der Meso-metanotal-Naht nicht oder nur schwach eingeschnürt; Fühler 11- oder 12gliedrig.
(subg. *Leptothorax* sensu str.).
§ Fühler 11gliedrig.
× Meso-metanotal-Naht deutlich, wenn auch schwach eingedrückt.
♯ Zweites Stielchenglied sculptirt, glanzlos.
v Fühlerschaft und Tibien ohne Keulenhaare.
Haare des Rumpfes lang und dünn. *muscorum* NYL.
Haare des Rumpfes kurz und an der Spitze stark verdickt.
canadensis PROV. mit var. *yankee* EM.
vv Fühlerschaft und Tibien mit sehr kurzen, aufrechten Keulenhaaren. *hirticornis* EM.
♯♯ Zweites Stielchensegment oben ganz glatt und glänzend, Tibien mit keulenförmigen Haaren. *provancheri* EM.
×× Meso-metanotal-Naht nicht eingedrückt; Beine und Fühler ohne keulenförmige Haare.
⊙ Körperfarbe gelb, oder wenigstens der Thorax gelb.
+ Kopf punktirt, ohne gröbere, erhabene Längsrunzeln; Farbe ganz gelb.
Metanotumdornen sehr lang und krumm.
curvispinosus MAYR.
Metanotumdornen weniger lang und fast gerade.
subsp. *ambiguus* EM.
Metanotumdornen sehr kurz, zahnartig; Sculptur schwach, Kopf etwas glänzend. *schaumi* ROG.
++ Kopf punktirt und mit Längsrunzeln; Kopf und Abdomen gebräunt. *rugatulus* EM.

⊙⊙ Farbe dunkelbraun.
    Metanotumdornen sehr lang, horizontal.   *longispinosus* Rog.
    Metanotumdornen sehr klein, zahnartig.   *fortinodis* Mayr.
§§ Fühler 12gliedrig.
    ∧ Clypeus in der Mitte stumpfwinklig vorgezogen, mit drei feinen Längskielen; Farbe dunkelbraun.   *tricarinatus* Em.
    ∧∧ Clypeus in der Mitte gerundet oder etwas eingedrückt; Farbe hell.
      Kopf glanzlos, Clypeus in der Mitte schwach gekielt.
          andrei Em.
      Kopf glänzend, Clypeus nicht gekielt.   *nitens* Em.

II. Thorax in der Meso-metanotal-Naht tief eingeschnürt; Fühler 12gliedrig
          (subg. *Dichothorax* Em.)
  Metanotum matt, punktirt; Knoten des 1. Stielchengliedes oben eingedrückt.   *pergandei* Em.
  Metanotum glänzend; Knoten des 1. Stielchengliedes nicht eingedrückt.
          floridanus Em.

Subgenus *Leptothorax* sensu stricto.

A. mit 11gliedrigen Fühlern.

L. muscorum Nyl.

Ein ☿ von Hill City, S. Dakota, lässt sich in Bezug auf Form, Sculptur und Behaarung vom europäischen *muscorum* nicht unterscheiden. Die Färbung ist allerdings abweichend: schmutziggelb, Hinterkopf, je ein Fleck am Pronotum und am Metanotum, Stielchenknoten, Hinterleib und Schenkel gebräunt. Sollte jene Färbung sich als constant erweisen, so würde sie zur Aufstellung einer geographischen Varietät benutzt werden können.

L. canadensis Prov.

Diese Ameise, von welcher mir Herr André ein Originalexemplar freundlichst mittheilte, steht wegen ihres in der Meso-metanotal-Naht deutlich eingedrückten Rückens dem *L. acervorum* nahe und dürfte vielleicht als Unterart zu demselben gezogen werden. Sie ist aber besonders durch die Behaarung verschieden: die Haare des Rumpfes sind viel kürzer, stark keulenförmig, die Fühler und Beine haben wie bei *L. muscorum* keine lange, abstehende Pubescenz, sondern nur sehr kurze, anliegende Härchen; auch sind die Dornen des Metanotums kürzer, an der Basis dick, wie dreieckige Zähne aussehend.

Exemplare aus N. York von Herrn Pergande haben noch etwas

stumpfere Metanotumzähne, und am 1. Stielchenglied ist der hintere Abhang auf der Profilansicht mehr gerade. Farbe dunkelbraun; Fühler mit Ausnahme der Keule, Beine und Stielchen zum Theil mehr oder weniger röthlich.

var. yankee n. var.

Der ☿ unterscheidet sich durch hellere Färbung und etwas längere, spitzigere Metanotumdornen. Kopf dunkelbraun, Abdomen etwas heller, Mund, Fühler, Thorax, Beine und Stielchen röthlich; die Keule, der Rücken des Thorax und die Schenkel meist gebräunt. Sculptur etwas feiner und weniger rauh.

Ein ♀ aus S. Dakota ist kaum grösser als der betreffende ☿; der Thorax dunkelbraun, die Sculptur etwas rauher.

S. Dakota, Utah, Colorado.

L. hirticornis n. sp.

☿. *Elongata, opaca, laete testaceo-ferruginea, fronte media abdomineque nitido fuscescentibus, pilis brevissimis, valde clavatis hirta antennarum 11 articulatarum scapo pedibusque pilis clavatis instructis, thorace impresso, metanoto cum spinis mediocribus, pedunculi articulo 1. robusto, superne angulato, lateribus subparallelis.* Long. $2^{3}/_{4}$ mm.

Washington D. C.; ein ☿ von Herrn Pergande.

Diese Art ist durch die kurzen, an der Spitze stark verdickten Haare, welche den ganzen Leib, einschliesslich der Beine und des Fühlerschaftes besetzen, ausgezeichnet. Die übrigen mir bekannten nordamerikanischen Arten haben, mit Ausnahme von *L. provancheri*, auf den Beinen keine aufrechten Borsten und am Fühlerschaft Haare, die an der Spitze nicht oder kaum verdickt sind. Beim europäischen *L. acervorum* sind die Haare viel länger und am Ende minder verdickt. Der ganze Kopf, der Thorax und das Stielchen sind glanzlos, dicht fingerhutartig punktirt; ausserdem zeigt die Oberseite des Kopfes feine und ziemlich regelmässige Längsrunzeln. Der Clypeus ist etwas glänzend und in der Mitte kaum eingedrückt. Die Glieder 2—7 der Fühlergeissel sind kürzer als dick, die Keule verhältnissmässig wenig verdickt. Der Thorax ist schlank, in der Meso-metanotal-Naht deutlich eingedrückt; die Dornen spitzig, stark compress. Am 1. Segment des Stielchens bilden der vordere und hintere dorsale Abhang mit einander einen wenig abgestumpften Winkel; von oben gesehen, erscheinen seine Seiten fast parallel. Das 2. Segment ist klein, fast trapezoidal, wenig breiter als lang.

L. provancheri n. sp.

Myrmica tuberum PROVANCHER, in: Natural. Canad., V. 12, 1881, p. 359, N. 2. — Faune entom. Canada, Hymenopt., 1883, p. 602.

☿. *Testacea, vertice fumigato, longius clavato-pilosa, rugoso-punctata, opaca, abdominis segmento pedunculari 2. cum sequentibus nitido, laevi; antennis 11 articulatis, thorace valido, dorso post mesonotum subimpresso, metanoto acute bidentato, abdominis pedunculi segmento 1. lateribus subparallelis, superne angulato, 2. praecedente circiter dimidio latiore, transverse ovali, nitidissimo, punctis piligeris paucis impresso, caeterum impunctato; tibiae pilis clavatis longis obsitae. Long. $2^3/_4$ mm.*

Von dieser Art habe ich nur ein Exemplar gesehen, welches Herr ANDRÉ von PROVANCHER aus Canada unter dem Namen *L. tuberum* erhielt; ich betrachte dieses Exemplar als Typus der von PROVANCHER unter jenem Namen aufgeführten Art, da die Beschreibung zur genauern Bestimmung überhaupt nicht genügt.

Durch den kräftigen Körperbau, die Behaarung und besonders durch das glatte, glänzende 2. Stielchenglied unter allen Arten mit 11gliedrigen Fühlern ausgezeichnet. Sculptur sonst wie bei *acervorum*, auf dem Kopf die Runzeln weniger zahlreich, weite Maschen bildend; Form der Metanotumdornen ungefähr wie bei *L. canadensis* var. *yankee*. An der äussersten Basis des eigentlichen Hinterleibes sind kurze Längsstriche zu sehen.

L. curvispinosus MAYR.

In den Oststaaten, wie es scheint, verbreitet. Pennsylvanien, N. York, N. Jersey, D. Columbia; nach MAYR in Virginia.

Im Nest dieser Art fand Herr PERGANDE als Gast den *Tomognathus americanus* EMERY.

subsp. *ambiguus* n. subsp.

Der ☿ unterscheidet sich vom typischen *curvispinosus* durch die etwas gröbere, aber zugleich weniger dichte Sculptur sowie durch die Metanotumdornen, welche kürzer und fast gerade sind.

Hill City, S. Dakota (PERGANDE); Cleveland, Ohio (von Herrn WASMANN eingesandt); N. York (SCHMELTER).

L. schaumi ROG.

D. Columbia, Pennsylvanien.

L. rugatulus n. sp.

☿. *Testacea, capite abdomineque magis minusve fuscatis, capite thoraceque dense punctatis et cum rugis subtilibus longitudinalibus, antennis 11 articulatis, thorace breviusculo, dorso haud impresso, spinis vix curvatis, obliquis, mediocribus, acutis; petioli segmento 1. postice modice incrassato, 2. subtrapezoideo, scapo pedibusque haud pilosis. Long. 2—2¹/₂ mm.*

S. Dakota, Colorado, von Herrn PERGANDE.

Steht dem L. *curvispinosus* nahe, unterscheidet sich davon durch den gedrungenern Thorax, das hinten deutlich verdickte 1. Stielchensegment, dessen Seiten nach hinten zu divergiren scheinen, wenn man das Thier von oben betrachtet, das etwas breitere und mit viel deutlicher ausgeprägten Vorderecken versehene 2. Stielchensegment, endlich durch die Sculptur des Kopfes und Thorax, welche ausser der Punktirung feine erhabene Längsrunzeln darbieten.

L. curvispinosus, schaumi und *rugatulus* bilden eine natürliche Gruppe nahe verwander Arten, zu welcher noch der südeuropäische L. *flavicornis* FM. gezogen werden dürfte.

L. longispinosus ROG.

Virginia (nach MAYR); N. York (SCHMELTER). Die Arbeiter von N. York haben einen etwas glänzendern Kopf als die mir von Herrn MAYR gesandten; sie bilden wohl den Uebergang zu der von MAYR aufgeführten Varietät aus D. Columbia.

Ein ♀ aus N. York ist stärker sculptirt als die betreffenden ☿☿, der Kopf ganz glanzlos, die Dornen sehr stark, noch etwas länger als Scutellum und Metanotum zusammen. Länge 3 mm.

L. fortinodis MAYR.

Maryland. — Die von MAYR aufgeführte kleinere und hellere var. aus D. Columbia blieb mir unbekannt.

B. mit 12gliedrigen Fühlern.

L. tricarinatus n. sp. (Taf. 8, Fig. 14).

☿. *Fusco-nigra, mandibulis, articulationibus pedum et tarsis rufescentibus, clavato pilosa, scapis pedibusque subnudis; capite, thorace pedunculoque subopacis, punctatis et subtiliter rugatis, pronoto medio nitidiore, clypeo nitido, antice medio obtuse angulato, superne carinis tribus subtilibus longitudinalibus instructo, mandibulis striatis,* antennis 12articulatis, articulo funiculi primo tribus sequentibus una majore, reliquis brevioribus quam crassioribus, clavae articulis duobus primis subaequalibus; thorace haud impresso, metanoto spinulis brevibus, seu dentibus acutis oblique erectis, pedunculi segmento 1. postice incrassato, superne cum eminentia subconica, obtusa, 2. multo majore, subgloboso. Long. $2^1/_4$ mm.

Hill City, S. Dakota: ein Exemplar von Herrn Pergande,

Diese Art bildet mit den zwei folgenden eine eigene Gruppe, welche unter den nordamerikanischen *Leptothorax* durch die 12gliedrigen Fühler und den nicht eingedrückten Rücken des Thorax ausgezeichnet ist. Von den zwei andern Arten der Gruppe unterscheidet sie sich durch die dunkle Farbe, die etwas stärkern Zähne des Metanotums, das breite 2. Stielchensegment und den an seinem Vorderrand stumpfwinklig vorgezogenen, mit 3 feinen aber scharfen Längskielen versehenen Clypeus.

L. andrei n. sp. (Taf. 8, Fig. 15).

☿. Testacea, abdomine postice obscuriore, pedibus pallidis, capite, thorace pedunculoque opacis, abdomine reliquo nitido; capite longitrorsum punctato-ruguloso, genis clypeoque striatis, hoc et linea media frontis et verticis nitidulis, clypeo ipso medio debiliter carinato, antice subsinuato, mandibulis striatis; antennis 12articulatis, articulo funiculi primo sequentibus 3 una paulo breviore, clavae articulo 2. praecedente paulo majore; thorace confertim punctato, dorso haud impresso, dentibus metanoti crassis, pedunculi subtilius punctati segmento 1. antice longius petiolato, superne nodo subrotundato, 2. praecedente tertia parte circiter latiore, parum latiore quam longiore; pilis corporis parcis, brevibus, clavatis. Long. $2^1/_4$ mm.

Californien. Das einzige Exemplar wurde mir von Herrn Er. André freundlichst geschenkt.

Von der vorhergehenden Art durch die Farbe sowie durch die Form des Clypeus und des Stielchens, von der folgenden durch die Sculptur leicht zu unterscheiden. Die Behaarung ist äusserst spärlich, aber, wie es scheint, abgerieben. Besonders charakteristisch ist die Profilansicht des Stielchens.

L. nitens n. sp. (Taf. 8, Fig. 16).

☿. Testacea, pedibus dilutioribus, superne nitida, capite nitidissimo, vertice fere impunctato, genis et fronte rugulosis, clypeo antice striatulo, postice laevigato, haud carinato, margine antico subsinuato, *mandibulis basi striatis, antennis 12articulatis, flagelli articulo primo sequentibus tribus una longiore, clavae articulis 2 primis subaequalibus; thoracis dorso haud impresso, nitido, parce punctato, lateribus opacis, crebre punctatis, dentibus metanoti brevissimis; pedunculi segmento 1. brevi, nodo alto, cuneiformi, segmento 2. praecedente paulo crassiore; pilis corporis modice copiosis, brevibus, clavatis. Long. $2^{1}/_{4}$ mm.*

American Fork Cañon, Utah; ein Exemplar von Herrn PERGANDE gesandt.

Durch die glatte Oberseite des Kopfes und das hohe 1. Stielchenglied sehr ausgezeichnet.

Subgenus *Dichothorax* n. subg.

Die ⚥ der zu dieser Abtheilung zu ziehenden Arten haben eine gewisse Habitus-Aehnlichkeit mit *Pheidole*-Arbeitern. Der starke Stachel, der bei manchen Exemplaren aus dem Hinterleib vorragt, lässt aber leicht erkennen, dass sie nicht zur genannten Gattung gehören. Die Augen sind gross; die Fühler 12gliedrig; an der Keule sind die beiden ersten Glieder unter einander ziemlich gleich lang, der letzte viel grösser. Der Clypeus hat einen scharfen, feinen Mittelkiel. Am Thorax ist oben keine Spur von einer Promesonotal-Naht bemerkbar, Pro- und Mesonotum bilden ein stark gewölbtes Ganzes; ein tiefer Eindruck trennt diesen Abschnitt vom Metanotum, welches aufrechte Zähne trägt. Das 1. Stielchensegment ist vorn lang gestielt, hinten mit einem abgerundeten Knoten. Die Haare sind ziemlich lang und nicht keulenförmig, an der Spitze meist stumpf, dicker als beim europäischen *Temnothorax recedens*.

♀ und ♂ unbekannt.

Die bis jetzt ausschliesslich nordamerikanische Gruppe begründe ich auf 2 neue Arten.

L. (*Dichothorax*) *pergandei* n. sp. (Taf. 8, Fig. 13).

☿. *Fusca, mandibulis, antennis (clava obscuriore), articulationibus pedum, tarsis et pedunculi segmenti 1. basi testaceis; nitida, metathorace opaco, pilosa, scapis pedibusque pube longa, obliqua vestitis; capite disperse punctato (punctis piligeris) praetereaque microscopice irregulariter aciculato, foveis antennalibus curvatim, genis longitrorsum rugosis, clypeo medio subtiliter, acute carinato, lateribus rugoso, mandibulis striatis, latiusculis, 5 dentatis; thoracis dorso profunde impresso, promesonoto convexo, nitido, disperse punctato et subtilissime aciculato,* metanoto opaco, dentibus erectis armato, meso- et metapleuris longitrorsum rugosis et creberrime punctatis; abdominis pedunculi segmento 1. antice longe petiolato, superne cum nodo transverso, medio impresso, 2. praecedente circiter dimidio latiore, transverse ovali. Long. 3—3¼ mm.

Washington D. C.; Herr PERGANDE fand diese Art als Gast im Neste von *Monomorium minutum* subsp. *minimum* BUCKL.

L. (D.) floridanus n. sp.

⚥. *Praecedenti simillima et adhuc nitidior, metanoto superne nitido, incisura inter mesonotum et metanotum punctulata, subopaca, petioli segmenti* 1. *nodo minus lato, superne haud impresso,* 2. *praecedente vix tertia parte latiore, minus transverso distinguenda.*

Florida; von Herrn PERGANDE.

Diese zwei Formen stehen einander ausserordentlich nahe und werden später vielleicht als Subspecies aufgefasst werden müssen. Die Gestalt des Thorax und des Stielchens ist sehr charakteristisch; ebenso die langen, mit schlanker, wenig verdickter Keule versehenen Fühler.

Leptothorax pilifer ROG. gehört, wie ich oben festgestellt habe, zur Gattung *Pheidole*.

Tetramorium MAYR.

T. guineense FAB.

In den Tropen kosmopolitisch und durch den Handel verbreitet. Nach MAYR in Louisiana und Florida, sowie in einem Hause in D. Columbia.

T. caespitum L.

Bis jetzt nur in den Oststaaten gefunden und, wie ich vermuthe, aus Europa mit Pflanzen importirt. N. York, Maryland, Virginia, Tenessee, Nebraska; in Washington D. C., wie mir Herr PERGANDE mittheilt, eine der gemeinsten Hausameisen, sonst nur selten im Freien auf Wiesen.

Die nordamerikanischen Exemplare, die ich gesehen habe, gehören der in Mitteleuropa gemeinen dunklen, stark sculptirten typischen Form an.

Tribus: *Cryptocerii.*

Cryptocerus FAB.

C. varians F. SM.

Einige ⚥ dieser westindischen Art sandte mir Herr PERGANDE von den Key West Inseln an der Küste von Florida. Wahrscheinlich kommen auch andere Arten dieser Gattung in Florida und Texas vor. Eine Anzahl Arten sind aus Mexico bekannt.

In DALLA TORRE's Catalogus Hymenopterorum wird *C. argentatus* F. SM. aus „Colorado" aufgeführt, was offenbar ein Schreibfehler ist. Es sollte „Columbia" heissen.

Tribus: *Dacetonii* [1]).

Strumigenys F. SM.

Zur Bestimmung der ⚥ und ♀♀ der nordamerikanischen Arten mag folgende Uebersicht dienen:

I. Clypeus nicht vorgezogen. — Mandibeln linear, an der Basis einander genähert, an der Spitze nach innen gebogen, mit 2 grossen Endzähnen, hinter denselben mit einem sehr kleinen, dornartigen Zähnchen. *louisianae* ROG.

II. Clypeus über den Basaltheil der Mandibeln vorgezogen; letztere an der Basis von einander entfernt, an der Spitze mit vielzähnigem Kaurand.

§ Der von oben sichtbare Theil der geschlossenen Mandibeln nur auf einem Theil seiner Länge gezähnelt.

× Die Keulenhaare am Vorderrand des Clypeus sind nach vorn gerichtet.

Grösser: Mandibeln vor dem Rand des Clypeus mit einem langen, spitzen Zahn; Rand des Clypeus mit vielen (14—16) Keulenhaaren; Kopf oben mit weisslichen Schuppenhaaren besetzt. *pergandei* EMERY.

Kleiner: Mandibeln nahe an ihrer Basis mit einem grossen unter dem Clypeus verborgenen Zahn; Rand des Clypeus mit wenigen (10—12) Keulenhaaren: anliegende Haare des Kopfes nicht keulenförmig. *pulchella* EMERY.

×× Die Keulenhaare, welche den Vorderrand des Clypeus besetzen, sind aufgerichtet und nach hinten gekrümmt. *ornata* MAYR.

---

[1]) Im Sinne FOREL's, aber unter Ausschluss der Gattung *Cataulacus,* welche eine eigene Tribus bilden muss.

§§ Der ganze nicht vom Clypeus bedeckte Abschnitt der geschlossenen Mandibeln gezähnelt.

Clypeus länger als breit und verhältnissmässig schmal; die Seiten des Kopfes convergiren allmählich bis zur Spitze der Mandibeln. *clypeata* Rog.

Clypeus breiter als lang, eine vorn etwas abgestutzte, grosse Scheibe bildend, vor welcher die Mandibeln schnabelartig hervortreten. *rostrata* Emery.

Die ♂♂ der einzelnen mir bekannten Arten sind einander so ähnlich, dass eine Bestimmung von frei gefangenen Exemplaren äusserst schwierig sein dürfte; ich verzichte darauf, dieselben einzeln zu beschreiben und bemerke gleich, dass sie dem von Mayr beschriebenen ♂ von *S. imitator* zum Verwechseln ähnlich sind. — Ich kenne die ♂♂ von *S. rostrata, clypeata* und *pergandei*; bei diesen Arten ist das Stielchen etwas kräftiger als bei *imitator*. In der Körpergrösse und in der Form der Mandibeln zeigen meine Exemplare einige Unterschiede.

S. rostrata ♂ ist $2^{1}/_{2}$ mm lang, und die Mandibeln sind an der Basis des Kaurandes mit 2 kräftigen Zähnen bewaffnet (Fig. 24).

Bei den 2 andern Arten sind die Mandibeln ungezähnt (Fig. 18 und 22); *S. clypeata* ♂ ist nur 2 mm lang, *S. pergandei* $2^{1}/_{2}$ mm.

S. louisianae Rog.

S. unispinulosa Emery, in: Bull. Soc. Entomol. Ital., V. 22, p. 67, tab. 7, fig. 5, 1890.

Die Untersuchung eines Originalexemplares aus der Sammlung des k. Museums für Naturkunde in Berlin liess mich erkennen, dass diese Art mit der von mir später aus Costa Rica beschriebenen *S. unispinulosa* identisch ist. Roger erwähnte den dicht hinter den Endzähnen der Mandibeln befindlichen kleinen Dorn nicht. Er war am mit Gummi stark verunreinigten Originalexemplare auch nicht zu erkennen und wurde erst dann sichtbar, als durch ein Bad in destillirtem Wasser das Gummi entfernt wurde. Dieses Dörnchen ist zwar sehr klein und bei ganz geschlossenen Mandibeln nur unter starker Vergrösserung gut zu sehen.

S. pergandei n. sp. (Taf. 8, Fig. 17, 18).

☿ et ♀. *Ferrugineo-testacea, antennis, pedibus abdomineque dilutioribus, capite, thorace pedibusque opacis, confertim punctulatis, seg-*

mento pedunculi 1. subopaco, segmento 2. et reliquo abdomine nitidis, hujus segmento basali basi striato; capite et thorace copiose setulis albidis, clavato-squamiformibus conspersis; clypei margine antico arcuato et fimbria setarum claviformium 14—16 instructo; mandibulis basi clypeo obtectis, linearibus, compressis, ante clypei marginem dente magno acuto, apice cum margine masticatorio brevi, denticulato, dente basali majore, subspiniformi, sequentibus sensim minoribus, alternatim obtusis et acutis, ultimis minutissimis, acutis; antennarum scapo haud conspicue dilatato, flagelli articulis 2—3 vix crassioribus quam longioribus; metanoto utrinque denticulo subtus in carinam submembranaceam producto, pedunculi segmentorum appendicibus spongiosis conspicuis. Long. $2^{1}/_{4}$—$2^{1}/_{2}$ mm.

Maryland, D. Columbia, Pennsylvanien; von Herrn Pergande gesandt und ihm zu Ehren benannt.

Diese und die folgenden Arten bilden den Uebergang von den Formen mit linearen, parallelen Mandibeln zu solchen, die einen langen, gezähnelten Kaurand haben. Der Basaltheil der Oberkiefer ist seitlich compress, und erscheint dadurch, von oben gesehen, linear, und beide Kiefer convergiren im geschlossenen Zustande nach der Spitze zu. Dicht vor dem Rand des Clypeus trägt jede Mandibel an ihrem dorsalen Rand einen grossen, spitzen Zahn, worauf eine zahnlose Strecke folgt; der eigentliche Kaurand ist kurz, etwa $^{1}/_{3}$ der Gesammtlänge des Kiefers, weniger als die Hälfte des vor dem Clypeus frei ragenden Abschnitts; dieser Kaurand trägt Zähne, deren erster länger ist und etwas dornartig erscheint: der zweite ist kurz und stumpf; darauf folgen ein spitzer und ein stumpfer Zahn und endlich mehrere kleinere, spitze, welche nach dem Ende des Kiefers zu an Grösse abnehmen. Die Form dieser Theile sowie des Kopfes und der Fühler werden die Fig. 17 und 17 a, b zeigen. Der Clypeus trägt am Rande eine Reihe von krummen Keulenhaaren, deren Spitze stark verdickt und abgeflacht ist. Aehnliche kürzere und anliegende Haare sind auf Kopf und Thorax zerstreut und sehen wie weissliche Schüppchen aus. Der Fühlerschaft trägt eine Reihe von etwa 8 dünnern Keulenhaaren. Die Haare am Hinterleib und Stielchen sind gekrümmt, aber nicht keulenartig.

Bezüglich des ♂ dieser Art s. oben S. 326.

S. pulchella n. sp. (Taf. 8, Fig. 19).

♀. Praecedenti simillima, sed minor, setulis capitis et thoracis erectis, vix subclavatis, haud squamiformibus, clypei margine fimbria *setarum claviformium* 10—12 *instructo, clypeo magis producto, mandibulas longius tegente, his sub clypeo dente maximo, margine masticatorio brevi, dentibus minutis, acutis, apicem versus sensim minoribus instructo.* Long. $1^1/_2 — 1^2/_3$ mm.

Washington D. C., Beatty, Pennsylvania, von Herrn PERGANDE eingesandt.

Von der vorigen Art besonders durch geringere Grösse, die verschiedene Behaarung sowie die verschiedene Form der Mandibeln leicht zu unterscheiden. Von der folgenden besonders durch die ganz anders gerichteten, viel kürzern Haare des Clypeus verschieden; geringere Unterschiede in der Form des Kopfes werden die Bilder deutlich machen. — Die Haare des Kopfes und Thorax sind an der Spitze nur wenig verdickt und auch wenig gekrümmt, durchaus nicht schüppchenartig; die Haare des Clypeusrandes sind an der Spitze weniger verdickt als bei *S. pergandei*. Die Mandibeln ragen weniger aus dem Clypeus hervor, der gezähnelte Kaurand macht mehr als die Hälfte des unbedeckten Abschnittes aus, und alle Zähnchen sind spitzig. Ein grosser Basalzahn ist auch hier vorhanden, aber bei geschlossenen Kiefern unter dem Rande des Clypeus verborgen. Die Fühlergeissel ist kürzer und dicker als bei *S. pergandei*.

S. ornata MAYR (Taf. 8, Fig. 20).

in: Verh. Zool. Bot. Vereins Wien, 1887, p. 571, Fussnote.

Washington D. C. Bis jetzt nur Arbeiter bekannt. An den langen, nach oben und hinten gerichteten Haaren des Clypeus leicht kenntlich.

S. clypeata ROG. (Taf. 8, Fig. 21, 22).

Carolina (ROGER), D. Columbia (MAYR). Herr PERGANDE sandte mir alle drei Geschlechter aus Pennsylvanien.

Ich habe ein Originalexemplar verglichen: es stimmt mit einem von Herrn MAYR erhaltenen vollkommen überein. Der Kopf ist bei dieser Art nach vorn mehr verschmälert und der Clypeus länger als breit, vorn durchaus nicht gestutzt, sein Rand bildet eine spitzovale Curve. Man vergleiche meine Abbildung des Kopfes in: Bull. Soc. Entom. Ital., V. 22, 1890, tab. 8, fig. 3. Die Mandibeln haben einen bei geschlossenen Kiefern unter dem Clypeus verborgenen, auffallend starken Basalzahn, auf welchen der mit ungleichen Zähnchen besetzte Kaurand folgt (Fig. 21). — Bezüglich des ♂ s. oben S. 326.

S. rostrata n. sp. (Taf. 8, Fig. 23, 24.)

⚥ et ♀. *Obscure ferruginea, abdomine fusco, antennis pedibusque testaceis. S.* clypeatae *proxima et similiter sculpta, sed major, capite antrorsum minus angustato, clypeo lato, antice truncato vel subemarginato, mandibulis (clausis) ante clypeum rostri angusti instar porrectis, dentibus marginis masticatorii majoribus, basali sequente haud multo majore, appendicibus pedunculi minus conspicuis. Long.* $2-2^{1}/_{2}$ *mm.*

Washington D. C., von Herrn Pergande in allen drei Geschlechtern gesammelt.

Von voriger Art hauptsächlich durch die Form des Kopfes verschieden, dessen Seiten in ihrem vordern Theil nicht nach vorn convergiren; dadurch sind der Vorderkopf und der Clypeus viel breiter als bei *clypeata* und letzterer ist am Vorderrand gestutzt und sogar seicht ausgerandet. Die Mandibeln ragen geschlossen als dreieckiger Schnabel vor, der viel schmaler ist als der Clypeus; der Innenrand des ganzen vorragenden Abschnittes ist mit spitzen, dornartigen Zähnen bewaffnet; die Zähne sind grösser und regelmässiger als bei *clypeata*, der bei geöffneten Kiefern sichtbare 1. Zahn der Reihe nicht viel grösser als der folgende. Behaarung wie bei *clypeata*; die schwammigen Anhänge des Hinterleibsstielchens sind aber nicht so enorm ausgebildet wie bei jener Art. — ♂ s. oben S. 326.

Oecodoma virginiana Buckley (l. c. p. 346) dürfte eine *Strumigenys* sein und vermuthlich *S. clypeata*.

Tribus: *Attii*.

Atta Fab.

A. fervens Say.

In Texas. Wegen der Synonymie vergl. Mayr, l. c. p. 442.

A. (Trachymyrmex) tardigrada Buckl.

Atta septentrionalis Mc Cook.

Florida, N. Jersey. Ich kann überhaupt keinen nennenswerthen Unterschied zwischen den südlichen und nördlichen Exemplaren finden, betrachte deswegen die von Mc Cook beschriebene Form als Synonym und nicht als Varietät von *tardigrada*.

A. versicolor PERGANDE.

In: Proc. Calif. Acad. Sc., (2) V. 4, p. 31, 1893.

Unter diesem Namen beschrieb Herr PERGANDE eine mir in Natur unbekannte Art aus Nieder-Californien, welche nach der Beschreibung zur Untergattung *Acromyrmex* zu gehören und am nächsten mit *A. octospinosa* REICH. verwandt zu sein scheint.

Andere Gattungen der *Attii* sind bis jetzt im eigentlichen Nordamerika nicht gefunden worden, da aber *Sericomyrmex*, *Cyphomyrmex* und *Apterostigma* bis nach Mexico und Westindien reichen, so wäre das Vorkommen derselben in den südlichsten Staaten nicht unwahrscheinlich.

Oecodoma pilosa BUCKL. scheint zu dieser Gruppe zu gehören: eine genauere Deutung der Beschreibung wollte wir nicht gelingen.

Subfamilie: **Dolichoderini.**

Dolichoderus LUND.

D. pustulatus MAYR.

Nach MAYR in N. Jersey, D. Columbia, Virginia.

D. plagiatus MAYR.

Dolichoderus borealis PROVANCHER, in: Natural. Canad., V. 18, 1888, p. 408.

MAYR führt die Art auf aus Illinois; ich erhielt sie von D. Columbia und Virginien. Die Beschreibung PROVANCHER's passt ganz gut auf diese Art.

D. mariae FOREL.

Nach MAYR in N. Jersey, D. Columbia, Virginia; auch in Connecticut.

D. taschenbergi MAYR.

Louisiana nach MAYR; Herr PERGANDE sandte sie mir aus Missouri. Carolina im Berliner Museum.

Liometopum MAYR.

L. microcephalum PANZ., var. *occidentale* n. var.

Die ⚥⚥ aus Californien (S. Jacinto) unterscheiden sich von den südeuropäischen dadurch, dass die anliegenden Härchen auf dem 2. dorsalen Segment des eigentlichen Hinterleibes in der Nähe der Mittellinie nach hinten divergiren, während sie beim europäischen Typus nach hinten convergiren. Dadurch entsteht bei reinen Exemplaren ein verschiedener Seidenschiller des Abdomens. Ich konnte keinen andern durchgreifenden Unterschied finden.

Ein ♂ aus Mariposa ist kleiner als italienische Exemplare und weicht in der Bildung der Genitalien ab. Der untere Anhang der äussern Genitalklappen ist sehr kurz, lappenförmig und die Spitze der Klappe kaum merklich nach unten gebogen. Die Stielchenschuppe ist auffallend hoch, oben tief ausgerandet und dadurch zweispitzig. Flügel wie beim europäischen Typus, wasserhell mit hellbraunen Adern und dunklem Randmal.

L. apiculatum Mayr.

Herr Pergande sandte mir 2 ♀♀ aus Texas, welche durch bedeutende Grösse und breiten Thorax ausgezeichnet sind (Länge 12—13 mm; Thoraxbreite $3^3/_4$ mm). Flügel im Marginaltheil stark gebräunt mit dunkeln Adern und schwarzem Randmal. Sie gehören sehr wahrscheinlich zur mexicanischen Art *L. apiculatum* oder zu einer Varietät dieser Art. — Ein ungeflügeltes ♀ aus Mexico, welches ich zur selben Art ziehen möchte, ist zwar kräftiger gebaut als *microcephalum*, aber nicht so breit wie die texaner Exemplare.

Dorymyrmex Mayr.

D. pyramicus Rog.

Diese Art ist in den Südstaaten verbreitet und variirt in der Farbe sehr bedeutend; sonst auch in Westindien, Guiana, Südbrasilien, Argentinien und Chile. Mayr erwähnt sie von Virginia, Florida, N. Mexico, Colorado. Herr Pergande sandte sie mir aus Californien in allen drei Geschlechtern.

Die Exemplare aus letzterm Lande entsprechen in der Färbung dem Typus: sie sind roth mit schwarz-braunem Hinterleib. Der Mayr'schen Beschreibung des ♀ ist hinzuzufügen, dass das Geäder ganz wie bei *Forelius* nur eine geschlossene Cubitalzelle bildet; die Querrippe verbindet sich mit dem vordern Ast der Cubitalrippe; keine Discoidalzelle.

Das ♂ ist $2—2^1/_2$ mm lang. Schwarz; Kopf quer viereckig; Mandibeln gezähnt, Clypeus gewölbt, Fühlerschaft kürzer als die 2 ersten Geisselglieder. Metanotum mit sehr kurzer Basalfläche, hinter derselben schief gerade abfallend. Schuppe niedrig, knotenförmig. Genitalien auffallend gross. Flügel wie beim ♀, aber der Stamm der Cubitalrippe ist unterbrochen und fehlt manchmal ganz und gar. Dieser Unterschied im Flügelgeäder der ♀♀ und ♂♂ ist constant und findet sich auch an südbrasilianischen Exemplaren, welche einer ganz schwarzen Varietät angehören. Ebenso verhält sich das ♂ von *Forelius mac-cooki*. Die Aehnlichkeit im Flügelgeäder bestätigt die von mir auf die Structur des Pumpmagens begründete Verwandtschaft der beiden Gattungen.

var. *flavus* MAC COOK.

Aus Colorado und Florida.

Forelius EMERY.

F. mac-cooki MC COOK.

Hat mir aus Texas vorgelegen. Nach MAYR auch in D. Columbia — Sonst auch in Südbrasilien. Nach MAYR dürfte *Formica tenuissima* BUCKL. zu dieser Art gehören.

Tapinoma FOERST.

T. sessile SAY.

Formica sessilis SAY, in: Boston Journ. etc., p. 287, 1836.
Tapinoma boreale ROGER, in: Berlin. Ent. Zeit., V. 7, p. 165, 1863.
Formica parva BUCKL., l. c. p. 159, 1866 (nach MAYR).
Tapinoma boreale PROVANCHER, in: Add. Faun. Canada., Hymenopt., p. 238, 1887.

Diese Art ist weit verbreitet und wohl im ganzen Gebiet der Vereinigten Staaten gemein. Sie variirt in Grösse und Färbung sehr beträchtlich. Hellere Exemplare sind schmutzig gelb-roth mit heller oder dunkler braunem Kopf und Hinterleib. Solche helle Stücke entsprechen dem *T. boreale* ROG. Was ROGER von im Verhältniss zu *T. erraticum* kürzerm und mit minder zahlreichen Zähnen versehenem Kaurand der Oberkiefer des ☿ schreibt, beruht auf einem Irrthum, den man leicht begeht, wenn man Exemplare mit geschlossenen Mandibeln untersucht, denn bei extremer Schliessung der Kiefer wird ein guter Theil des Kaurandes unter dem Clypeus verborgen und seine Länge darum unterschätzt. Dass dem so ist, davon habe ich mich durch Untersuchung eines Originalexemplares aus der Sammlung des k. Museums für Naturkunde in Berlin überzeugt. Bei kleinen ⚥⚥ ist überdies die Ausrandung des Clypeus nur sehr schwach ausgeprägt.

Die Geschlechtsthiere sind verhältnissmässig kleiner als bei *T. erraticum*: ♂ 3—3$^1/_2$ mm; ♀ 3$^1/_2$—4 mm. Das ♀ lässt sich wie der ⚥ von der europäischen Art an der Clypeusbildung unterscheiden. Beim ♂ ist die Subgenitalplatte (MAYR's Hypopygium) viel weniger tief ausgerandet als bei *erraticum*, ihre zwei Zipfel viel kleiner und weniger vorspringend, kaum ventralwärts gebogen.

T. pruinosum ROG.

Tapinoma boreale MAYR, in: Verh. Z. B. Ges. Wien, 1886, p. 434, (nec ROG.).

ROGER beschrieb diese Art aus Cuba; Herr PERGANDE sandte mir ein ⚥-Exemplar aus Bahama, auf welches die Beschreibung vorzüglich passt, sowie ähnliche, von Herrn MAYR als *T. boreale* ROG. bestimmte ⚥⚥ aus Florida. — ♀ und ♂ unbekannt.

Diese Art unterscheidet sich von kleinen Exemplaren des *T. sessile* durch den etwas länglichern Kopf, mit bogigen Seiten und breiter abgestutztem Hinterrand. Die Basalfläche des Metanotums ist nicht viel kürzer als das Mesonotum und geht bogig in die abschüssige Fläche über (bei *sessile* ist die Basalfläche des Metanotums kürzer als die Hälfte des Mesonotums und bildet mit der abschüssigen Fläche einen deutlichen, wenn auch abgerundeten Winkel). Abstehende Haare sind am Hinterkopf sowie auf dem Thoraxrücken und der Oberseite des Abdomens in geringer Zahl vorhanden; bei reinen Exemplaren sind besonders einige lange Borsten auf dem Pronotum auffallend (bei *T. sessile* und *erraticum* trägt der Thorax oben kein einziges Haar). Clypeus kaum ausgerandet, in der Mitte vorn mit schwachem Längseindruck.

var. *anale* ER. ANDRÉ.

Tapinoma anale ER. ANDRÉ, in: Revue d'Entom., 1893, p. 148.

Diese Ameise wurde jüngst von Herrn ANDRÉ aus N. Mexico beschrieben. ⚥⚥ von S. Jacinto, Californien, die ich von Herrn PERGANDE erhielt, entsprechen der Beschreibung ganz genau. Ein ⚥ von Margarite Island, Nieder-Californien, ist dunkler und bildet den Uebergang zum Typus. Aehnlich gefärbte Exemplare liegen mir vom Mississippi-Gebiet (Nebraska, Missouri, Mississippi) vor. — Ich kenne nur Arbeiter.

Subfamilie: **Camponotini** (Nachträge).

Plagiolepis MAYR.

P. longipes JERDON.

Nach Herrn PERGANDE (in: Proceed. Calif. Acad. Sc., (2) V. 4, p. 163) in Nieder-Californien; offenbar aus Oceanien oder Ostindien importirt.

Prenolepis MAYR.

P. longicornis LATR.

Diese kosmopolitische, durch den Handel verbreitete Ameise kommt in Washington D. C. in Häusern vor.

MAYR führt unter den nordamerikanischen Ameisenarten auch *P. vividula* NYL. auf und betrachtet als Synonyme derselben *Formica picea* BUCKL. und *F. terricola* BUCKL. Da aber vor den Arbeiten FOREL's unter jenem Artnamen allerlei verschiedene Species vermengt wurden, wäre jetzt eine nochmalige, genauere Bestimmung der betreffenden Formen, namentlich der dazu gehörigen ♂♂, nöthig.

Lasius (FABR.) MAYR.

In meine Bestimmungstabelle der nordamerikanischen *Lasius*-Arten hat sich ein schwerer Schreibfehler eingeschlichen, indem (p. 637) die Behaarung bei var. *aphidicola* l a n g, bei subsp. *minutus* k u r z genannt wird: das Gegentheil ist richtig. Also:

      Zeile 8 von unten: statt l a n g lies k u r z,
      „ 5 „ „ „ k u r z „ l ä n g e r.

L. flavus L.

Die blasse, kleinäugige Form von Südeuropa, welcher die nordamerikanischen Exemplare gehören, wurde neuerdings von FOREL als subsp. *myops* beschrieben (FOREL, Les formicides de la province d'Oran, in: Bull. Soc. Vaudoise Sc. Nat., V. 30, No. 114, 1894).

Formica (L.) MAYR.

F. sanguinea subsp. *rubicunda* EMERY [1]).

---

[1]) Während alle nordamerikanischen Formen der *F. sanguinea* sich von den europäischen durch den unbefleckten ganz rothen Kopf

var. *subnuda* n. var.

☿. Durch die Färbung dem Typus der Unterart ähnlich, die rothen Theile aber etwas heller: roth mit schwarzem Hinterleib, die Mandibeln wenig dunkler als der Kopf. Durch das Fehlen einer bei gewöhnlicher Lupenvergrösserung sichtbaren Pubescenz an Kopf und Thorax ausgezeichnet. Auch die abstehende Behaarung ist sehr kurz und spärlich: auf dem Hinterkopf nur wenige Borsten; auf dem Thoraxrücken meist gar keine; auf jedem Hinterleibsring 2 Reihen sehr kurzer Borsten. Das Metanotum ist nicht winklig, sondern erscheint, von der Seite gesehen, stark abgerundet. Länge 6—7 mm.

Bei Yale in British Columbia von Herrn DIECK gesammelt. In demselben Tubus fand sich ein ☿ von *F. fusca* var. *subsericea*, wohl als Sklave der *F. sanguinea*.

F. lasioides EM. var. *picea* n. var.

Eine Anzahl ☿☿ aus Yale, British Columbia, von Herrn DIECK gesammelt, unterscheiden sich vom Typus der Art durch die Färbung, welche ganz dieselbe ist wie bei *F. fusca-subpolita* var. *neogagates*. Von letzterer hauptsächlich durch die kürzern Fühler und Beine und durch die aufrechten Haare am Fühlerschaft leicht zu unterscheiden. Die Grösse variirt bedeutend. Länge $3^{1}/_{4}$—5 mm.

Einige ☿☿ von Hill City, S. Dakota, von Herrn PERGANDE, bilden den Uebergang von dieser Varietät zum Typus.

Unter den europäischen Arten kommt *F. lasioides* am nächsten der *F. nasuta* NYL., welche aber am Fühlerschaft keine abstehenden Haare hat.

F. pallidefulva LATR.

2 ☿☿, welche dem Typus der Art sehr nahe kommen, sandte mir Herr PERGANDE von Doniphan, Missouri.

Eine genauere Kenntniss der in den Gebirgsgegenden der Centralstaaten vorkommenden Formen dieser Art wäre sehr zu wünschen.

---

unterscheiden, ist eine Varietät derselben Art, die ich aus Yokohama, Japan, in 3 ☿☿ erhielt, durch besonders dunkle Färbung ausgezeichnet. — Ich bezeichne diese Form als var. *fusciceps* n. var. Beim ☿ erreicht der braun-schwarze Fleck des Scheitels seitlich die Augen und an den Hinterecken bleibt manchmal nur eine sehr geringe Fläche dunkel rostroth. Die rothen Theile sind auch viel dunkler als bei den dunkelsten mir bekannten Exemplaren aus Europa.

Camponotus Mayr.

C. maculatus subsp. *tortuganus* n. subsp.

⚲ media. Steht in der Sculptur der subsp. *vicinus* und besonders deren var. *nitidiventris* nahe, unterscheidet sich aber davon durch den nicht deutlich plattgedrückten Schaft, die längern, einander näher liegenden Stirnleisten, den Clypeus, dessen Lappen etwas schmaler ist und mit ganz abgerundeten Vorderecken, den niedrigen Metathorax sowie den durchaus stachellosen untern Rand der hintern Schienen. Von subsp. *ocreatus* unterscheidet sich diese Form durch Sculptur, Färbung und stachellose Schienen. — Kopf, Thorax und Schuppe dicht runzlig punktirt, glanzlos, der eigentliche Hinterleib schwach glänzend, aber sehr deutlich unregelmässig quergestrichelt. Pubescenz spärlich und kurz; Wangen ohne abstehende Borsten. — Farbe rostroth, Schenkel heller, Mandibeln, Fühlerschaft und Abdomen gebräunt.

Länge 9 mm; Kopf 2,6 $\times$ 2,3; Scapus 2,2; Hinterschenkel 2,5.

Ein ⚲ aus Dry Tortugas, Florida, von Herrn Pergande.

subsp. *ocreatus* Emery.

Zur Beschreibung dieser Unterart ist zu bemerken, dass am Metanotum selbst der grossen ⚲⚲ die Basalfläche beinahe 2 mal so lang ist wie die abschüssige, wodurch sie von subsp. *mac-cooki* und *vicinus* abweicht, welche ein viel höheres Metanotum besitzen. — Die mexicanische subsp. *picipes* Ol. unterscheidet sich von allen diesen Formen durch die abstehenden Borsten an den Wangen. Bei allen sind die Schienen mehr oder weniger mit Stacheln besetzt.

C. castaneus subsp. *americanus* Mayr.

Vom K. K. naturhistorischen Hof-Museum in Wien erhielt ich die Typen dieser Art zur Ansicht. Der ⚲ ist ganz so gebaut wie die ⚲⚲ aus D. Columbia, aber nur dunkler gefärbt als jene, wie ihn Mayr beschreibt.

Das unter demselben Namen beschriebene ♀ gehört nicht zu dieser Art, sondern zu *C. herculeanus* var. *pictus* Forel.

C. erythropus Pergande ist = *mina* Forel.

C. fragilis Pergande betrachte ich als Varietät von *C. fumidus* Rog.; etwas kleiner als var. *pubicornis* und reichlicher abstehend behaart. Der Unterschied ist aber sehr gering. Will man beide Formen nicht auseinander halten, so muss der Name var. *fragilis* als der ältere gelten.

C. sayi subsp. *bicolor* PERGANDE.

Diese neue Unterart wird in: Proc. Calif. Acad. Sc., (2) V. 4, p. 161 (1894) in allen drei Geschlechtern aus Nieder-Californien beschrieben.

C. senex F. SM.

Eine Form dieser Art, welche dem Typus nahe steht, sandte mir Herr PERGANDE von den Key West Inseln, Florida. Eine typisch neotropische Species, in vielen Formen über ganz Südamerika verbreitet.

Zum Schlusse des speciellen Theiles dieser Beiträge sollen noch die von SAY, BUCKLEY und PROVANCHER beschriebenen nordamerikanischen Ameisenarten aufgeführt werden, deren Deutung bis jetzt nicht mit Sicherheit gelungen ist und welche deswegen in den vorhergehenden Seiten sowie in MAYR's Arbeit zum Theil nicht erwähnt wurden. Es sind:

Name:	Wahrscheinliche Deutung:
Formica lauta SAY	*Camponotus marginatus var.*
Formica triangularis SAY	?
Formica dislocata SAY	?
Myrmica corrugata SAY	Wegen des Flügelgeäders der ♂♂ und der geringen Grösse sehr wahrscheinlich zur Gattung *Pheidole* gehörig.
Myrmica opposita SAY	
Myrmica inflecta SAY	
Myrmica dimidiata SAY	*Myrmica sp.?*
Formica nova-anglae BUCKL.	*Formica sp.?*
Formica nortonii BUCKL.	*Formica sp.?*
Formica americana BUCKL.	*Camponotus marginatus var.?*
Formica connecticutensis BUCKL.	*Formica sp.?*
Formica gnava BUCKL.	*Formica pallidefulva var.?*
Formica occidentalis BUCKL.	*Lasius claviger?*
Formica monticola BUCKL.	*Lasius sp.?*
Formica gracilis BUCKL.	*Tapinoma sessile?*
Formica atra BUCKL.	*Camponotus marginatus var.?*
Formica virginiana BUCKL.	*Formica pallidefulva var.?*

Name:	Wahrscheinliche Deutung:
Formica arenicola Buckl.	?
Formica politurata Buckl.	*Formica subpolita* var.?
Formica septentrionale Buckl.	*Camponotus marginatus* var.?
Formica tejonia Buckl.	*Camponotus* sp.? ♂
Formica tenuissima Buckl.	Nach Mayr = *Forelius mac-cooki*?
Formica perminuta Buckl.	*Brachymyrmex* sp.?
Formica picea Buckl.	Nach Mayr — *Prenolepis vividula* Nyl.
Formica lincecumi Buckl.	*Formica* sp.?
Formica festinata Buckl.	*Camponotus*?
Formica masonia Buckl.	?
Formica saxicola Buckl.	*Lasius* sp.?
Formica foetida Buckl.	?
Formica subspinosa Buckl.	*Dolichoderus* sp.?
Polyergus texana Buckl.	?
Ponera texana Buckl.	*Leptogenys* sp.?
Ponera elongata Buckl.	*Leptogenys* sp.?
Ponera lincecumi Buckl.	*Pseudomyrma* sp.?
Myrmica diversa Buckl.	*Pheidole* sp.?
Myrmica coeca Buckl.	*Eciton* sp.?
Myrmica montana Buckl.	*Leptothorax*?
Myrmica lineolata Buckl.	*Myrmica* sp.?
Myrmica scabrata Buckl.	?
Myrmica sublanuginosa Buckl.	?
Atta picea Buckl.	*Pheidole* sp.?
Atta pennsylvanica Buckl.	*Pheidole* sp.?
Oecodoma virginiana Buckl.	*Strumigenys* sp.?
Oecodoma pilosa Buckl.	?
Formica pallitarsis Prov.	?
Formica mellea Prov.	*Lasius* sp.?
Myrmica incompleta Prov.	*Myrmica rubra* subsp.?
Crematogaster scutellaris Prov.	*Crematogaster lineolata* subsp.?

II. Allgemeiner Theil.

Vergleichende Uebersicht der nordamerikanischen Ameisenfauna; Herkunft der in Nordamerika lebenden Ameisen[1]).

Im vorigen Abschnitt dieser Arbeit habe ich die mir bekannt gewordenen Formen der nordamerikanischen Ameisen einzeln besprochen, ihre verwandtschaftlichen Beziehungen zu andern und besonders zu europäischen Formen erörtert. Vollkommene Identität der dies- und jenseit des Oceans vorkommenden Ameisenarten, welche so weit ging, dass ich trotz besonders darauf gerichteter Aufmerksamkeit keinen Unterschied finden konnte, wurde, wenn wir von den durch den Handel eingeschleppten Species absehen, nur in wenigen Fällen bestätigt: so z. B. bei *Lasius flavus*, *Formicoxenus nitidulus*, *Leptothorax muscorum*, *Myrmica scabrinodis* (var. *sabuleti* und *schencki*). Meist liessen sich geringere oder grössere Verschiedenheiten erkennen, welche mich zur Aufstellung von besondern Varietäten oder Subspecies veranlassten.

Die Beziehungen der nordamerikanischen Ameisenfauna zur europäischen sind die wichtigsten und bestimmen den holarktischen Charakter jener Fauna. Die Vergleichung lehrt aber, dass während ihrer Wanderung von einem Continente zum andern oder von irgend welchem Ursprungsort auf beide Continente die Arten sich morphologisch in grösserm oder geringerm Maass umbildeten. — Ob auch in den Instincten Variationen stattgefunden haben, wurde bis jetzt nicht mit Sicherheit festgestellt; doch lassen einige Beobachtungen von Mc Cook [2]) über *Formica rufa* annehmen, dass dies wenigstens für gewisse Arten thatsächlich geschehen ist.

Die meisten Gattungen der europäischen Ameisenfauna sind auch in Nordamerika einheimisch. Die einzige Gattung aus Nordeuropa, welche in Amerika bis jetzt nicht gefunden wurde, ist die arbeiter-

---

1) Dieser Abschnitt bildete den Gegenstand eines von mir in der entomologischen Abtheilung der 66. Versammlung Deutscher Naturf. u. Aerzte in Wien am 25. September gehaltenen Vortrages.
2) in: Proceed. Acad. Nat. Sc. Philadelphia, 1884, p. 57 ff.

lose Schmarotzerameise *Anergates*. In Südeuropa leben dagegen mehrere Gattungen, welche den atlantischen Ocean nicht überschreiten, wie *Strongylognathus*, *Leptanilla*, *Cardiocondyla* [1]), *Oligomyrmex*, *Bothriomyrmex*, *Acantholepis*, *Plagiolepis* [2]), und z. Th. im ostindischen Gebiet durch zahlreiche Formen vertreten sind.

Dafür besitzt wiederum Nordamerika einen Vertreter von *Anergates* in der nahe verwandten Gattung *Epoecus*, die ebenfalls der Arbeiter zu entbehren scheint; ferner eine besondere Gruppe der Gattung *Leptothorax*, *Dichothorax*, und eine Untergattung von *Lasius*, *Acanthomyops*, die sonst nirgends in der Welt vorkommen. — Dazu kommen noch eine Anzahl von Gattungen, welche für das südamerikanische Gebiet charakteristisch sind: *Eciton*, *Pachycondyla*, *Pseudomyrma*, *Pogonomyrmex*, *Xenomyrmex*, *Cryptocerus*, *Atta*, *Dorymyrmex*, *Forelius*, *Brachymyrmex*, ferner Arten der kosmopolitischen Gattungen *Leptogenys* und *Odontomachus*, welche bis jetzt in Europa weder lebend noch fossil gefunden wurden. Zu den kosmopolitischen Gattungen können wir auch *Discothyrea* rechnen, wovon die einzige früher bekannte Art in Nordamerika lebt, eine hier neu beschriebene in Neu-Seeland.

Es lassen sich also die nordamerikanischen Ameisen in zwei Gruppen theilen: a) die eine begreift die Gattungen, welche auch im paläarktischen Gebiet vertreten sind; b) die andere besteht aus Gattungen, welche ihre Hauptverbreitung in Südamerika haben [3]).

Erstere muss wiederum in zwei Abschnitte zerlegt werden: einerseits giebt es Gattungen, welche einzig und allein dem holarktischen Gebiet zukommen oder daselbst ihre Hauptverbreitung haben, wenn auch einzelne Arten viel weiter reichen. Solche sind vor allem die

---

1) *Cardiocondyla emeryi* FOREL wurde aus Westindien (S. Thomas) beschrieben (ob importirt?); lebt ausserdem in Syrien, Madagascar und auf den Seychellen.

2) Die ostindische *Plagiolepis longipes* JERDON wurde auch in Chile (Novara) und Nieder-Californien gefunden; ohne Zweifel durch den Handel eingeschleppt.

3) Das Gebiet, welches ich hier als „Nordamerika" behandle, entspricht nicht dem gleichnamigen Welttheil der Geographen und auch nicht dem Begriff der nearktischen Region. Aus praktischen Gründen habe ich mich hauptsächlich mit der Ameisenfauna der Vereinigten Staaten und Canada befasst. Das Hinzuziehen von Mexico würde die Zahl der Arten neotropischer Herkunft sehr vergrössert haben. Aber ich hatte keine Gelegenheit, einigermaassen genügendes Material aus jener Gegend zu bekommen.

grosse nordische Gattung *Formica*, ferner *Lasius*, *Myrmica*, *Myrmecocystus*, die Untergattung *Messor* des grossen Genus *Stenamma* und mehrere kleinere Genera (*Formicoxenus*, *Tomognathus*, das subg. *Stenamma*, *Polyergus*, vielleicht *Proceratium*). Auch gewisse Artengruppen mancher weiter verbreiteter Gattungen mögen dazu gerechnet werden; so die holarktischen Species von *Dolichoderus*, eine Gruppe von *Leptothorax*-Arten, welche dem europäischen *L. acervorum* nahe stehen [1]), einige *Camponotus*-Arten, wie *C. herculeanus* und Verwandte, *C. marginatus*, die mit *Aphaenogaster fulva* verwandten Formen, welche sich der europäischen *subterranea*-Gruppe anschliessen, obschon die betreffenden Gattungen sehr weit verbreitet sind. — Ueber das angebliche Vorkommen von *Lasius* im australischen Gebiet [2]) und in Chile s. weiter unten.

Andere Gattungen sind weiter verbreitet, einige sind geradezu kosmopolitisch, wenn sie auch zum Theil jetzt nur in wärmern Gegenden vorkommen, so z. B. *Ponera*, *Leptogenys* und wohl die meisten Gattungen der Poneriden, obgleich viele in Folge ihrer versteckten Lebensweise nur aus wenigen Ländern bekannt sind. Ferner die Gattungen *Monomorium*, *Crematogaster*, *Pheidole*, *Strumigenys*, *Camponotus*. — *Leptothorax* und *Solenopsis* [3]) fehlen im australischen Gebiet. — *Dolichoderus*, *Tapinoma* und *Prenolepis* in Afrika; letztere Gattung hat aber in Madagascar mehrere Arten.

Durch meine Studien über die Ameisen des sicilianischen Bernsteins [4]) habe ich dargethan, dass Europa im Beginn der Tertiärzeit eine Ameisenfauna von indisch-australischem Gepräge besessen hat, welche zur Zeit der Bernsteinbildung in Sicilien noch unvermischt lebte, während nördlich von dem damals Europa quer durchziehenden Meere Vertreter dieser Fauna mit *Formica*, *Myrmica* und andern Typen der

---

1) Von den übrigen nordamerikanischen *Leptothorax*-Arten sind *L. curvispinosus*, *schaumi* und *rugatulus* mit dem europäischen *flavicornis* verwandt; andere sind ganz eigenthümliche Arten. Keine schliesst sich den südamerikanischen Formen der Gattung an.

2) Die australischen Arten von *Myrmecocystus* gehören, wie mir Herr Prof. FOREL mittheilt, nicht zu dieser Gattung, sondern zu *Melophorus*.

3) Nach MAYR (in: Journ. Museum Godeffroy, Heft 12, 1876) findet sich die kosmopolitische *S. geminata* auch auf Tahiti und Neu-Seeland; ob eingeschleppt?

4) Le formiche dell' Ambra Siciliana ecc., in: Memor. Acad. Bologna, (5) V. 1, 1891.

jetzt lebenden holarktischen Gattungen die Wälder des Samlands bewohnten. Nach Schwund jenes Meeres drang die nördliche Fauna nach Süden bis zum Mittelmeer vor. Dann kam die Eiszeit, welche die indische Fauna im Norden vernichtete und spärliche Ueberreste derselben, mit den arktischen Formen gemischt, auf die wärmern Stellen von Südeuropa vertrieb. Von dort wanderte später die jetzige Ameisenfauna wieder in die vom Eis befreiten Länder von Mittel- und Nordeuropa zurück. Aber durch das Mittelmeer, die afrikanische Wüstenzone und das östliche Steppengebiet waren einer neuen Einwanderung tropischer Formen schwer zu überwindende Hindernisse geboten. Die europäische Fauna blieb verhältnissmässig arm.

Obgleich die ehemalige Ameisenfauna von Nordamerika nach den Fossilien nicht beurtheilt werden kann, so vermögen wir doch aus der Vergleichung mit andern Faunen und aus dem, was wir von der Paläontologie anderer Gruppen wissen, uns einen Begriff zu machen von der Bildungsweise der jetzigen Ameisenbevölkerung jenes Continentes. In dieser Beziehung ist die Paläontologie der Säugethiere, wie bereits v. JHERING[1]) dargetban hat, von ganz besonderm Interesse, und zwar deswegen, weil das Alter der Säugetbiere und der Ameisen ungefähr das gleiche sein dürfte. Beide Gruppen haben sich unter den gleichen geographischen Verhältnissen differenzirt und auf der Erdoberfläche zerstreut. Es wird also von besonderm Interesse sein, auf die Geschichte der Säugethiere einen Blick zu werfen[2]).

Die ersten Spuren von Säugethieren rücken weit in das mesozoische Zeitalter hinaus, bis in den Jura und sogar die Trias. Aber schon damals waren diese Thiere weit verbreitet: ähnliche Formen von Multituberculaten (Plagiaulaciden) und Triconodonten sind sowohl in Europa als in Nordamerika und in Afrika gefunden worden. Wir dürfen deshalb vermuthen, dass der Stamm der Säuger noch viel älter ist und wohl bis zum Perm oder zum Carbon reicht.

Welche Vertheilung von Erde und Meer, welche Verbindungen der bereits trocken liegenden Abschnitte der jetzigen Continente damals bestanden, ist uns leider unbekannt. Vielleicht verband während der mesozoischen Zeit ein grosses pacifisches Festland die alte und

---

1) H. v. JHERING, Die Ameisen von Rio Grande do Sul, in: Berlin. Entom. Zeit., V. 39, 1894, p. 321 ff.

2) Zum Theil entnehme ich diese Darstellung dem Schlusscapitel von ZITTEL's Handbuch der Paläontologie.

neue Welt mit Australien und Neu-Seeland und vermittelte die Verbreitung der primitiven Säugethiere. — Jene ursprüngliche Säugerfauna ist völlig ausgestorben: nur die australisch-papuanischen Monotremen sind wahrscheinlich die stark modificirten Nachkommen der Plagiauladiden, während die Triconodonten und Trituberculaten zu den Stammeltern der Marsupialier und Placentalier wurden[1]).

Wahrscheinlich wurde schon zu Beginn des Tertiärs Neu-Seeland von der übrigen Welt getrennt.

Bald darauf erfolgte die Scheidung der grossen Schöpfungsgebiete der Tertärzeit, indem Nordamerika mit Europa und Asien als grosses nördliches System von Südamerika sowie von Afrika und von Australien abgetrennt wurden. Wir müssen uns aber jene Trennungen nicht einfach als Theilung eines zusammenhängenden Continents in mehrere Stücke denken. Es waren offenbar viel verwickeltere Ereignisse: ich stelle mir vor, dass Inselgruppen und grössere Festlandsabschnitte mehrfach mit einander in Verbindung traten und wieder durch breite Meeresstrecken abgeschlossen wurden. — Als jene Scheidung erfolgte, waren bereits Halbaffen, Insectivoren, niedere Carnivoren, Nager, Edentaten und niedere Ungulaten vorhanden; sie dürften aber nicht überall gleich vertheilt gewesen sein, wodurch es verständlich wird, dass manche Gruppe in einer Region fehlen, in einer andern vertreten sein konnte.

Von der Säugethierfauna Afrikas zur Zeit seiner Abtrennung giebt uns Madagascar einen ziemlich genauen Begriff, wenn wir von *Potamochoerus* absehen, welcher wohl später über die Mossambique-Strasse eingewandert ist[2]). Die Mehrzahl der jetzigen Säugethiere Afrikas wanderte erst viel später vom indischen Gebiet ein[3]).

Südamerika behielt vermuthlich eine Zeit lang Beziehungen zu

---

1) Vergl. H. F. OSBORN, The rise of the Mammalia in North-America. Abstract, in: American Journ. Sc., (3) V. 46, p. 379 ff. 1893.

2) Eine Hebung von nicht mehr als 100 Faden würde die Mossambique-Strasse etwa um die Hälfte enger machen, daher das Durchschwimmen für ein bereits an das Leben im Wasser gewöhntes Thier sehr erleichtert haben. Das Gleiche gilt für die pleistocänen *Hippopotamus*-Arten. Neben denselben gefundene Knochen von *Bos* scheinen domesticirten Rindern angehört zu haben (vergl. FORSYTH MAJOR, in: Philos. Transact., V. 185 B, 1894, p. 35).

3) Diese geistreiche Hypothese verdanken wir HUXLEY (vergl. WALLACE, Island Life, 2. ed., 1892, p. 419); sie giebt uns die beste Erklärung der faunistischen Verhältnisse Afrikas und seiner Beziehungen zu Madagascar.

Australien, was durch die schöne Entdeckung AMEGHINO's von fossilen diprotodonten Beutelthieren im Eocän von Patagonien als erwiesen gelten dürfte. Aber diese Beziehungen sind wohl nicht ganz so einfach gewesen, wie Manche annehmen. Sehr wahrscheinlich bot Südamerika auch noch Beziehungen zum grossen nördlichen Gebiet, als Afrika davon bereits abgetrennt war. Der unerwartete Fund von Resten eines *Glyptodon*-artigen Thieres in den Phosphoriten Frankreichs [1]) ist in dieser Beziehung von grösstem Interesse und lässt weitere derartige Ueberraschungen erwarten.

Vom mittlern Eocän an dürfen wir annehmen, dass Afrika, Australien, Südamerika drei abgeschlossene Landgebiete bildeten und vom grossen Hauptcontinentalsystem des Nordens vollkommen getrennt waren [2]), oder wenigstens mit ihm nur noch indirecte Verbindungen bekamen [3]).

Während des Eocäns und Oligocäns scheint die phyletische Entwicklung der Säugethiere in den verschiedenen bis jetzt erforschten Theilen des nördlichen Systems ziemlich gleichmässig vor sich gegangen zu sein; ein lebhafter Austausch von neuen Formen fand zwischen Eurasien und Nordamerika statt. Die Entstehung der Hauptgruppen der Carnivoren und der Perissodactylen sowie der Suiden, Traguliden und Cameliden unter den Artiodactylen und vieler ausgestorbener Gruppen fällt in jenes Zeitalter. — Aber bereits im Miocän lässt sich eine Scheidung des Systems in zwei besondere Faunengebiete deutlich erkennen. Das eine, welches wir als a r k t i s c h e s bezeichnen können, und welches Nordamerika mit dem nördlichen Theil Eurasiens umfasst, war das Vaterland der meisten Perissodactylen und der Hirsche. Das andere, welches sich über Südasien und die Malayischen Inseln erstreckte, dürfte das i n d i s c h e Gebiet genannt werden; es war das

---

1) H. FILHOL, in: Ann. Sc. Nat. Zool., (7) V. 16, p. 129 ff., 1893.

2) Damit behaupte ich nicht, dass jedes jener Gebiete ein zusammenhängendes Ganzes bildete, und es ist wohl anzunehmen, dass, wie WALLACE für Australien, v. JHERING für Südamerika zu beweisen versucht haben, ein jeder jener Continente in frühern Zeiten ein System von zwei oder mehreren getrennten Festlandsstücken oder grossen Inselgruppen bildete.

3) Nach HEDLEY, in: Ann. Mag. Nat. Hist., (6) V. 14, p. 390—392, Nov. 1894, wäre Australien vielleicht noch im Miocän mit Südamerika verbunden gewesen und erhielt später vom papuanischen Gebiet her eine jetzt über Queensland verbreitete neue Fauna und Flora. Zu dieser letzten Einwanderung gehören wohl nebst eigentlich papuanischen auch ursprünglich indische Formen.

Verbreitungscentrum der Camelopardaliden und Cavicornier, der Elefanten, der altweltlichen Affen und vielleicht auch der Maniden sowie von *Orycteropus* und *Hippopotamus*.

Diese indische Fauna verbreitete sich weiter auf die Mittelmeerländer und Südeuropa und später, gegen Ende des Miocäns oder im Pliocän, auch über Afrika, welches dieser Einwanderung den grössten Theil seiner jetzigen Bevölkerung verdankt.

Beinahe zu gleicher Zeit entstand der Zusammenhang zwischen Nord- und Südamerika und in Folge dessen die Einwanderung arktischer und sogar indischer Thiere bis in den südlichsten Theil des neotropischen Gebietes [1]).

Die Paläontologie der Säugethiere führt uns also zur Annahme folgender Hauptzüge der Vertheilung des Festlandes und ihrer Veränderungen im Laufe der geologischen Zeitalter:

Mesozoisch	Ausgedehnte Verbindungen zwischen Theilen von Eurasien, Australien, Afrika und Amerika, welche zur allgemeinen Verbreitung einer primitiven, ausgestorbenen Säugethierfauna führten.
	Abtrennung von Neu-Seeland.
Eocän	Abtrennung von Afrika.
	Abtrennung von Südamerika und von Australien.
Oligocän	Im grossen nördlichen System grenzen sich ein arktisches und ein indisches Faunengebiet ab.
Obermiocän oder Pliocän	Hebung der Grenzen zwischen dem indischen Gebiet und dem arktischen sowie zwischen ersterm und Afrika.
	Zusammenhang zwischen Nord- und Südamerika.

Wenn wir nun die Ameisenfauna der Erde mit der Säugethierfauna vergleichen, so lässt sich ein gewisser Parallelismus in der Vertheilung einzelner Gruppen erkennen, welcher, obschon uns zuverläs-

---

1) Ich habe nicht die Absicht, alle zur Erklärung gewisser faunistischer Beziehungen ersonnenen Landverbindungen Südamerikas zu discutiren. Was die v. Jhering'sche Archelenis betrifft, so scheint mir die Annahme eines solchen versunkenen Festlandes, wenigstens zur Erklärung der amerikanischen Ameisenverhältnisse überflüssig. — Näheres werde ich bei der Besprechung der Dorylinen auseinandersetzen.

sige paläontologische Urkunden für die Ameisen, abgesehen vom europäischen Gebiet, fast gänzlich fehlen, entschieden auf einen gleichen Ursprung hinweist. Es ist aber dabei zu bemerken, dass Ameisen, besonders im geflügelten Zustand, Wasserstrecken überwinden können, wodurch ihre Vertheilung auf der Erdoberfläche eine etwas verschiedene wird und local entstandene Gruppen sich leichter über weit entfernte Länder verbreiten können. In dieser Beziehung verhalten sich aber wiederum die einzelnen Gattungen, ja sogar die einzelnen Species einer Gattung verschieden von einander, so dass neben kosmopolitischen Arten andere nahe verwandte nur auf einem sehr beschränkten Gebiete zu Hause sind. Wenn nun die gleiche Art auf der ganzen Erde oder über sehr weite Strecken verbreitet ist, so dürfen wir wohl behaupten, dass ihre Zerstreuung auf der Erdoberfläche, d. h. ihre Wanderung von der Ursprungsstätte aus, erst in verhältnissmässig recenter Zeit, d. h. nicht vor dem Pliocän stattgefunden hat. Es ist überhaupt nicht zulässig, aus der weiten Verbreitung einer Species oder einer Gattung ohne weiteres zu schliessen, dass sie älter sei als eine andere, deren Gebiet in engere Grenzen eingeschlossen blieb. Einen solchen Fehler hat v. JHERING mehrfach begangen. So schreibt er z. B.[1]): „Alle polynesischen Genera sind kosmopolitisch. Wir müssen daraus schliessen, dass diese Genera aus der Mitte der Secundärepoche stammen, wie dies ja für einen Theil derselben schon nachgewiesen sein soll." — Ich halte den Schluss nicht für nothwendig. Jene Genera sind kosmopolitisch geworden, weil sie ein hohes Wanderungsvermögen besitzen, und aus demselben Grund sind sie dazu befähigt gewesen, auf die polynesischen Inseln zu kommen. Und wenn v. JHERING fragt, warum Wasser und Wind nur „uralte" kosmopolitische Formen transportiren, andere nicht, so finde ich daran nichts Verwunderliches: sie transportiren ja gerade jene Formen, welche in Folge ihrer Lebensweise oder anderer Eigenschaften zu solchen Wanderungen befähigt und deswegen kosmopolitisch geworden sind, nicht aber solche, die sich der Möglichkeit einer See- oder Luftreise niemals aussetzen oder dieselbe nicht vertragen können; letztere mögen ebenso alt sein wie erstere, werden aber nie kosmopolitisch werden. v. JHERING fragt[2]), warum die Thynniden auf Australien beschränkt geblieben und nicht auf die oceanischen Inseln gekommen sind, während Bienen, Grabwespen und Faltenwespen überall

---

1) v. JHERING, l. c. p. 425.
2) l. c. p. 438.

verbreitet sind. Gerade dieses Beispiel spricht zu Gunsten von WALLACE's Wanderungstheorie: die Thynniden kommen in Australien und Südamerika vor, nicht auf den Inseln Polynesiens. Warum? Nicht etwa, weil sie jünger sind als die Bienen, denn ihr Vorkommen in den zwei oben genannten Gebieten muss für v. JHERING als Beweis ihres hohen Alters gelten; sondern nur weil ihre ♀♀ flügellos sind und auf der Erde leben, während die gut fliegenden ♀♀ der Bienen und anderer Hymenopteren ihr Geschlecht leicht auf weite Gegenden transportiren können, wie es in beschränktem Maass die schwach fliegenden, aber doch geflügelten ♀♀ der meisten Ameisen auch thun. Thynniden können zu ihren Wanderungen nur Festlandsverbindungen benutzen und werden deshalb nie auf oceanische Inseln kommen, wohin fliegende Bienen und Ameisen, welche derartiger Brücken nicht bedürfen, leicht auf den Flügeln des Windes gelangen. Dass Meeresströmungen allerlei Thiere, und gerade Landschnecken, welche den Hauptpfeiler des logischen Gebäudes v. JHERING's gegen WALLACE bilden, transportiren müssen, hat, meiner Ansicht nach, SEMPER[1]) erfolgreich bewiesen. Es liegt mir fern, die Ansichten v. JHERING's über mesozoische Geographie bestreiten zu wollen; aber durch so alte Verbindungen der jetzigen Continente und Inseln ist es nicht möglich, das Vorkommen identischer oder sehr nahe verwandter Arten auf fern liegenden Landstrecken zu erklären. Da nun die dazu nothwendigen pliocänen oder mindestens miocänen Verbindungen entschieden geleugnet werden müssen, so bleibt kein anderer Ausweg übrig, als einen Transport durch Wind und Meeresströmungen anzunehmen.

Künftige biologische Forschungen werden lehren, wie die Ameisen übers Meer wandern. Sehr interessant ist in dieser Beziehung die Beobachtung v. JHERING's, dass die ganze Bevölkerung gewisser Ameisennester (u. a. der kosmopolitischen *Solenopsis geminata*) bei Ueberschwemmung sich zu einer Kugel lebender Ameisen versammelt, welche vom Wasser schwimmend getragen wird[2]). Es lässt sich denken, dass solche Kugeln event. von den Flüssen ins Meer getrieben werden und so von einer Insel zur andern gelangen. Für andere kosmopolitische

---

1) C. SEMPER, Die natürlichen Existenzbedingungen der Thiere. Leipzig 1880, 2. Theil, p. 101 ff.
2) Herr Dr. G. DIECK, welchem ich dies auf der Naturforscherversammlung in Wien erzählte, theilte mir mit, dass er in Nieder-Sachsen bei Ueberschwemmungen Aehnliches beobachtet habe.

oder auf Inseln weit verbreitete Ameisen wie *Odontomachus haematodes, Technomyrmex albipes, Oecophylla smaragdina, Plagiolepis longipes* u. a. bleibt der Modus der Wanderung noch festzustellen.

Nur von einer Gruppe von Ameisen können wir behaupten, dass sie unfähig ist über Wasserstrecken zu setzen: es sind die Dorylinen, deren Weibchen (nach den ♀♀ von *Dorylus* zu urtheilen) flügellos sind und unter der Erde leben. Ihre Verbreitung hängt darum ausschliesslich von Festlandsverbindungen ab. Darum haben sie den Weg von Afrika nach Madagascar, von Südamerika nach den Antillen nicht finden können. Ihre Vertheilung ist deswegen für die Feststellung geographischer Verhältnisse vergangener Zeiten von besonderm Interesse. Merkwürdiger Weise fällt die Vertheilung der Dorylinen auf der Erde mit derjenigen der Affen ziemlich zusammen, was auf ein gleiches Alter beider Thiergruppen zu schliessen berechtigt [1]). Wie bei den Affen finden sich altweltliche und neuweltliche Untergruppen. Wir können es als erwiesen betrachten, dass es im Eocän und sehr wahrscheinlich vor Ende des Miocäns in Afrika keine Affen gegeben hat und dass letztere mit den Dorylinen erst im späten Tertiär aus dem indischen Gebiet eingewandert sind; sie konnten deswegen nicht die Archelenis v. JHERING'S als Brücke zu ihrer Wanderung über den Ocean benutzen [2]). Viel wahrscheinlicher ist, wie auch der Fund eines eocänen Affen in Patagonien zeigt, dass die Primaten sich in Indien und Südamerika aus Prosimiern parallel entwickelten. Ebenso geschah es für die Dorylinen, welche, wie meine bezüglichen noch nicht abgeschlossenen Untersuchungen zeigen, sich aus der weit verbreiteten und auch in Australien vertretenen Gruppe der mit *Cerapachys, Acanthostichus* u dergl. verwandten Gattungen entwickelten [3]). In der Bildung der männlichen Genitalien sowie des Flügelgeäders stehen die indisch-afrikanischen *Dorylus* und *Aenictus* einander nahe und weichen von den amerikanischen *Eciton* weit ab.

Eine der mesozoischen Fauna von Ursäugethieren entsprechende

---

[1]) Nachdem ich diese Zeilen geschrieben habe, erfahre ich durch meinen Freund, Herrn Prof. FOREL, dass *Aenictus*-Arten jüngst in Queensland gefunden worden sind. Eine derselben wäre sogar vom ostindischen *Ae. bengalensis* MAYR nicht specifisch verschieden. Letzterer Umstand lässt eine in cänozoischer Zeit, wohl über Neu-Guinea stattgefundene Einwanderung annehmen. Vergl. oben S. 344, Fussnote 3.

[2]) Vergl. v. JHERING, l. c. p. 437 ff.

[3]) Mit der Reihe der Myrmicinen haben sie durchaus nichts gemeinsam; vergl. v. JHERING, l. c. p. 427.

Ameisenbevölkerung der Erde kann in den zum Theil sehr weit verbreiteten, wenn auch verborgen lebenden und nicht sehr artenreichen Gattungen der Ponerinen erkannt werden. Sie bilden den Stamm der Formiciden. Auch einige Gattungen der Myrmicinen dürften sehr alt sein. Sie finden sich gegenwärtig auf der ganzen Erde, zum Theil sogar in Neu-Seeland, einer Gegend, welche vielleicht seit dem Jura von den übrigen Landgebieten völlig abgeschlossen geblieben ist. Dass aber viele Gattungen, welche ein sehr hohes Alter erreichen, in Neu-Seeland nicht gefunden worden sind, darf uns nicht wundern, einerseits, weil sie vielleicht jenes Land noch nicht erreicht hatten, als es vom Meer umgeben wurde, andererseits, weil die jetzige Fauna von Neu-Seeland offenbar nur einem Bruchtheil seiner damaligen Thierwelt entspricht. Neu-Seeland ist mehrfach zum Theil unter Wasser gekommen, wie seine tertiären Ablagerungen beweisen; ferner hat es eine Eiszeit durchgemacht; alles Ereignisse, welche für wärmeliebende Landthiere verhängnissvoll gewesen sein dürften. Ausserdem ist es nicht unmöglich, dass ein Theil der jetzigen Ameisen Neu-Seelands, z. B. *Monomorium*-Arten, spätere Einwanderer aus Australien sind. Herr W. W. Smith schreibt mir, dass Termiten, sowie unter den Ameisen die charakteristischen Arten von Ponerinen sowie *Strumigenys* und *Orectognathus* nur auf der Nordinsel vorkommen, während die Südinsel keine anderen Ameisen hat als 5 Arten von *Monomorium*, 1 *Huberia* und *Lasius advena*, wovon gerade die Mehrzahl jene Arten ausmachen, welche möglicher Weise eingewandert sind. Ich möchte vermuthen, dass auf der Südinsel die Eiszeit alle Termiten und Formiciden vernichtete und von den alten Ameisen nur ein Theil auf der wärmern Nordinsel überlebte, wovon einige später als geflügelte Wanderer über das Meer vom Wind getragen nach dem Süden zurückkehrten.

Die frühe Abtrennung Afrikas von der übrigen Erde giebt sich kund im Fehlen der ganzen Abtheilung der Dolichoderinen (abgesehen von je einem *Technomyrmex* in Madagascar und Südafrika und von den mediterranen Arten *Tapinoma erraticum* und *Bothriomyrmex meridionalis*) sowie von *Ectatomma* und *Prenolepis*. Madagascar bietet uns ein ziemlich getreues Bild der altafrikanischen Ameisenfauna: es fehlen auf dieser Insel gerade die charakteristisch indischen Gattungen *Polyrhachis*, *Acantholepis*, *Oecophylla*, *Myrmicaria*, von welchen wir annehmen können, dass sie erst im späten Tertiär ihren Weg nach Aethiopien gefunden haben. Dass aber manche jetzige Ameise von Madagascar erst später dahin über die Mossambique-Strasse gewandert ist, beweist ihre specifische Identität mit südafrikanischen Arten; so

z. B. *Crematogaster tricolor* GERST., *Tetramorium blochmanni* FOREL, *Camponotus maculatus* FAB. etc. etc. Das Vorkommen einer Anzahl von *Prenolepis*-Arten auf Madagascar bildet indessen ein schwieriges Problem, das ich nicht zu lösen im Stande bin.

Der Abtrennung des südamerikanischen Festlandes sowie Australiens vom grossen nördlichen System ging die Entstehung der Hauptgattungen der Dolichoderinen sowie des Stammes der echten Dorylinen voraus; letzterer gelangte aber in Australien nicht zu weiterer Ausbildung. Die Gattung *Dolichoderus* differenzirte sich in Südamerika zu mannigfachen Formen; mit ihr entwickelten sich in dieser an Ameisen und überhaupt an Insecten jeder Art so erstaunlich reichen Region eine Anzahl sonst nirgends vorkommender Gattungen und Artengruppen, wie die echten Cryptocerinen, die Attinen, *Myrmelachista*, *Asteca* etc., welche der neotropischen Ameisenfauna ihr eigenthümliches Gepräge verleihen.

Die Gattung *Tetramorium* sammt den mit ihr verwandten *Meranoplus* und *Triglyphothrix* sowie *Cataulacus* bleiben für die alte Welt charakteristisch. Sie sind sowohl in Indien wie in Afrika und Madagascar vertreten, und die vielen eigenthümlichen *Tetramorium*-Arten in letztgenannter Insel scheinen zu beweisen, dass sie eigentlich zur alttertiären äthiopischen Fauna gehören; in Australien scheint *Tetramorium* (abgesehen vom kosmopolitischen *T. guineense* FAB.) zu fehlen, während *Meranoplus* mehrere eigene Arten aufweist. Südamerika besitzt dagegen nur 2 abweichende Arten von *Tetramorium*. Sowohl die *Tetramorium*-Gruppe als *Cataulacus* sind offenbar alte Typen, welche aber zur Zeit der Abtrennung von Afrika und Südamerika noch selten und ungleichmässig vertheilt waren.

Als das grosse nördliche Festlandsystem sich in ein arktisches und ein indisches Gebiet differenzirte, bildete ein jedes seine eigene Ameisenfauna aus. Das arktische Gebiet, das Land der Hirsche und der Nashörner, war auch die Ursprungsstätte der *Formica*, *Polyergus*, *Lasius*, *Myrmica* sowie einzelner Gruppen der Gattungen *Stenamma* und *Leptothorax*, der mit *C. herculeanus* verwandten Formen von *Camponotus*, der arktischen Gruppe von *Dolichoderus*[1] und anderer, kurzweg die Heimath der jetzt Europa, Nordasien und Nord-

---

1) Sehr bemerkenswerth ist die Aehnlichkeit der arktischen *Dolichoderus*-Arten mit ihren australischen Gattungsgenossen, wie ich bereits früher hervorgehoben habe (in: Bull. Soc. Entom. Ital., V. 24, 1894, p. 229.

amerika gemeinsamen Ameisen. — Dass der Zusammenhang und der Faunenaustausch zwischen Europa und Amerika hauptsächlich über Ostasien stattgefunden hat, scheint die Vertheilung von *Liometopum microcephalum* in Osteuropa und Westnordamerika, die ähnliche Vertheilung der kornsammelnden Arten von *Stenamma* (subg. *Messor*) sowie das Vorkommen von *Camponotus pennsylvanicus* in Japan und Sibirien zu beweisen. Leider sind die Ameisen von China und Sibirien sowie von Westnordamerika sehr wenig bekannt. — Das indische Gebiet, das Land der Ochsen, Giraffen und Antilopen, der Elefanten und des Schuppenthieres, sandte seine Erzeugnisse nach Südeuropa und Afrika. Ihm verdankt wohl die paläarktische Fauna ihre *Pheidole* und *Monomorium*, *Tetramorium caespitum*, *Crematogaster sordidula*, *Plagiolepis*, *Acantholepis*, *Bothriomyrmex* und vielleicht auch andere Arten. Aus der Mischung dieser Fauna mit der arktischen entstand die jetzige paläarktische Thierwelt. — Aber auch aus dem arktischen Gebiet kamen einzelne Thiere nach Indien. Wie nach PAWLOW[1]) die Rhinocerotiden von Nordamerika nach Europa und erst später nach Indien und Afrika gelangten, so wanderte *Camponotus pennsylvanicus* bis nach Birmanien, *Myrmica ritae* EM. bis Borneo, *Stenamma* (*Messor*) *barbarum* L. sogar bis zur Südspitze von Afrika.

In Südeuropa bildete, wie ich nachgewiesen habe, die indische Fauna neben einer mesozoischen Urfauna den ältern Theil der Ameisenbevölkerung, zu welcher die arktischen Elemente erst im Miocän hinzukamen. Die vom Norden vorrückenden Formen verdrängten wie ein Heer von Eroberern, von der Abkühlung des Klimas begünstigt, die meist auf subtropische Verhältnisse eingerichteten frühern Einwohner bis auf wenige Arten; aber die Bernsteineinschlüsse zeigen uns, welche reiche Ameisenfauna Europa damals besessen hat.

Seitdem Südamerika vom nördlichen System getrennt wurde, blieb Nordamerika offenbar viel selbständiger als Europa. Es gehörte später ausschliesslich zum arktischen Gebiet und hatte wohl keine directe Beziehung zum indischen. Die eigentliche arktische oder holarktische Fauna ist darum wahrscheinlich in Nordamerika lange Zeit einzig und allein Herrin des Landes geblieben, während im paläarktischen Festlande die Nachbarschaft des wohl nicht überall scharf abgegrenzten indischen Gebietes einen bedeutenden Einfluss ausübte. Sollte in Nordamerika jemals eine Bernsteinfauna entdeckt werden, so würde

---

1) M. PAWLOW, Etudes sur l'histoire paléontologique des Ongulés, 6, in: Bull. Soc. Natur. Moscou., V. 6, p. 137 et suiv., 1892.

sie der jetzigen Fauna Europas (resp. der jetzigen nordamerikanischen) viel ähnlicher aussehen als der europäischen Bernsteinfauna; sie dürfte bereits einen entschieden holarktischen Habitus gehabt haben. Die eigentlich arktischen Gattungen bildeten vermuthlich in Nordamerika nebst den mesozoischen Urformen die Mehrzahl der miocänen Ameisenfauna. Letztere enthielt aber wahrscheinlich auch einige eigenthümliche, zum Theil ausgestorbene Formen oder auch solche, die jetzt nicht mehr im nearktischen Gebiet vorkommen[1]. — Ob Ameisen indischen Ursprungs nach Nordamerika gelangt sind, wie unter den Säugethieren der Bison und die Mastodonten, ist nicht mit Sicherheit nachzuweisen. Vielleicht ist *Myrmecina*, eine Gattung, welche im malayisch-papuanischen Gebiet durch mehrere Arten vertreten ist, solch ein aus der Ferne gekommener Einwanderer; vielleicht auch *Colobopsis* und *Monomorium minutum*. *Tetramorium caespitum* ist nach Amerika zweifellos durch den Handel eingeführt worden.

Die nordamerikanischen *Crematogaster lineolata, ashmeadi, vermiculata* und *punctulata* sind unter einander sehr ähnlich und zugleich mit einigen mexicanisch-westindischen (*C. opaca* MAYR, *sanguinea* ROG.) sowie mit der viel ausgedehntern paläarktischen und afrikanischen Gruppe der *C. scutellaris* OL., *inermis* MAYR, *aegyptiaca* MAYR etc. nahe verwandt. Sehr wahrscheinlich hat Nordamerika die Stammformen jener Arten aus der paläarktischen Region bekommen; aber woher sind sie in diese hinein gekommen? Wollte man nach der jetzigen Hauptverbreitung und dem Reichthum an Formen urtheilen, so müsste man Afrika als ihre ursprüngliche Heimath ansehen. Ich will lieber die Frage offen lassen. — *C. minutissima* und *missouriensis* sind neotropischen Ursprungs.

Als der Zusammenhang mit Südamerika hergestellt wurde, drangen viele neue Formen in das ihnen eröffnete nördliche Gebiet ein. Das Heer der Eroberer rückte von Süden nach Norden vor und wurde bald durch das rauhe Klima der Eiszeit zurückgehalten, nahm aber mit dem Schwinden der Gletscher und der zunehmenden Sommer-

---

[1] Vielleicht gehört zu diesen die, wie es scheint, jetzt auf Westindien beschränkte Gattung *Macromischa*, wobei ich bemerken möchte, dass ein Theil der amerikanischen Arten sowie die 2 afrikanischen und die in Europa im Bernstein fossilen möglicher Weise nicht zur selben Gattung gerechnet werden dürfen. — Ueber *Pogonomyrmex, Dorymyrmex* etc. weiter unten.

wärme seinen Marsch nordwärts wieder auf. So gelangte *Atta tardigrada* BUCKL. trotz des kalten Winters bis nach Pennsylvanien, *Eciton*-Arten bis nach Missouri und Nord-Carolina [1]), *Cryptocerus*, *Pseudomyrma* und *Xenomyrmex* in Florida; und mit diesen eigentlich südamerikanischen Gattungen wanderten *Pheidole*-, *Solenopsis*-, *Crematogaster*-, *Camponotus*-Arten südamerikanischer Herkunft die gleichen Wege. Sie bilden alle zusammen den neotropischen Bestandtheil der nordamerikanischen Fauna [2]).

Noch eine besonders interessante Frage muss hier behandelt werden: Fand auch eine Wanderung von Ameisen in umgekehrter Richtung, von Nordamerika nach Südamerika statt? Und damit verbindet sich auch die Frage, ob das südamerikanische Faunengebiet ein einheitliches ist oder, nach v. JHERING's Vorgang, in zwei früher getrennte Gebiete, Archiplata und Archiguiana, getheilt werden soll.

Wenn wir die jetzige Ameisenfauna von Südamerika betrachten, so lassen sich für jedes dieser Gebiete charakteristische Gattungen aufweisen: für Archiplata die Genera *Pogonomyrmex*, *Dorymyrmex*, *Forelius*, eigenthümliche *Monomorium*-Arten von australichem Habitus und in Chile die kleine Gattung *Heteroponera* nebst den bis jetzt zu *Lasius* gestellten Arten; für Archiguiana die grosse Schaar der Attinen, *Cryptocerus*, *Eciton*, *Asteca* etc. Beide Faunen sind in Nordamerika vertreten, und zwar kommen alle drei erstgenannten charakteristischen Gattungen der Archiplata in den Südstaaten der Union und Mexico vor (*Dorymyrmex* auch in Westindien und Cayenne).

Ich habe durchaus keinen Grund, die v. JHERING'sche Darstellung der geographischen Verhältnisse von Südamerika in frühern geologischen Zeiten anzufechten; aber auch zugegeben, dass sie vollkommen richtig ist und dass jede der damals unabhängigen Festlandsstrecken ihre eigenen Ameisen erzeugte, so glaube ich doch nicht, dass aus der jetzigen Vertheilung derselben die Ursprungsheimat der einzelnen Gattungen klargelegt werden kann. Die Ameisen sind Thiere, welche sich leicht über weite Gebiete verbreiten. Manche Arten von *Pheidole*, *Crematogaster*, *Eciton*, *Camponotus* etc. erstrecken sich ohne bedeutende Aenderung von Centralamerika oder von Mexico bis nach

---

1) Die Entdeckung des *Eciton carolinense* beweist, dass diese Gattung nicht, wie JHERING auf Grund der ihm bekannten Funde glaubte, durch den Mississippi abgegrenzt wird.

2) Ich habe hier die in Mexico vorkommenden Ameisen nicht in Betracht gezogen; die arktische Fauna tritt hier zurück und die neotropische wird überwiegend.

Südbrasilien und Paraguay. Als *Pogonomyrmex*, *Dorymyrmex* und *Forelius* vom La Plata-Gebiet nach Nordamerika, oder umgekehrt, wanderten, dürften sie wohl auf dem langen Wege zahlreiche Abkömmlinge zurückgelassen haben; davon ist aber nichts übrig geblieben als eine aberrante Art von *Pogonomyrmex* (*P. nägelii* FOREL) in Brasilien. Das bedeutet offenbar, dass diese Gattungen im eigentlich tropischen Südamerika jetzt keine günstigen Existenzbedingungen mehr finden und dass ihr Fehlen daselbst sich nicht daraus erklärt, dass sie n i e da waren, sondern daraus, dass sie dort jetzt n i c h t m e h r leben können. Ihre Wanderung geschah wahrscheinlich den Anden entlang zu einer Zeit, wo das Klima minder heiss und deswegen die Vegetation eine andere war als jetzt. Sie wurden später, beim Eintritt neuer Vegetationsverhältnisse, von der tropischen Ameisenfauna aus einem Theil ihres frühern Gebietes verdrängt. Aus dem Grund, weil die südlichen Arten von *Pogonomyrmex* und *Dorymyrmex* zahlreicher sind als die nördlichen, dürfte man zunächst annehmen, dass die Wanderung dieser Thiere von Süden nach Norden geschehen ist. Es ist aber durchaus nicht unwahrscheinlich, dass diese Ameisen gleich den südamerikanischen *Didelphys*, Hirschen, Cameliden und Mastodonten nordamerikanischer Herkunft sind. Ohne dafür strenge Beweise aufführen zu können, neige ich mehr zur letztern Annahme [1]).

Man könnte aber auch denken, dass die Einwanderung dieser Ameisen in ihre jetzigen getrennten Gebiete in viel älterer Zeit stattgefunden hat und dass sie zur mesozoischen Urfauna gehören. Früher neigte ich zu dieser Anschauung, bin aber davon zurückgekommen. Wäre dem wirklich so, dann würde die s p e c i f i s c h e Identität von *Dorymyrmex pyramicus* und *Forelius mac-cooki* im nördlichen und südlichen Gebiet ein äusserst merkwürdiger Fall von Unveränderlichkeit der Arten sein.

Ich glaube, dass die Vertheilung der Ameisen in Südamerika hauptsächlich von klimatischen und Vegetationsverhältnissen bedingt wurde. Offenbar können die Ameisen der temperirten Prairiengegend nicht die gleichen sein wie die des tropischen Urwaldes. *Pogonomyrmex* und *Dorymyrmex* sind gerade Ameisen der Prairien und der Pampas; ihre Verbreitung entspricht dem Ueberwiegen der üppigen

---

1) Auch v. JHERING (l. c. p. 416) neigt dazu, die südamerikanischen *Pogonomyrmex* aus Nordamerika abzuleiten. — Die Anwesenheit von *P. occidentalis* auf Honolulu ist ausserdem sehr bemerkenswerth und kaum anders zu erklären als durch eine Meer- oder Luftwanderung, welche in nicht sehr alten Zeiten stattgefunden haben dürfte.

Grasvegetation. Als im Pliocän der Faunenaustausch zwischen Nord- und Südamerika stattfand, mögen die Prairie-Ameisen in den höhern Gegenden von Columbien, Peru und Bolivien zu ihrer Wanderung günstige Existenzbedingungen gefunden haben, die jetzt nicht mehr bestehen.

Eine andere südamerikanische Gattung, welche über Archiplata und Nordamerika verbreitet ist, wenn auch in den äquatorialen Gegenden nicht fehlend, ist *Brachymyrmex*. Die Mehrzahl der beschriebenen Arten lebt in Südbrasilien und 2 Arten (beide unbeschrieben) in Chile. Ihre Herkunft möchte ich unentschieden lassen.

Nun komme ich zu *Lasius*. Das angebliche Vorkommen von Arten dieses Genus in Neu-Seeland und in Chile hat zur Annahme geführt, dass diese Gattung eine ausserordentlich alte ist und wie *Stigmatomma*, *Acanthoponera* und andere Ponerinen bis weit in das mesozoische Zeitalter hineinreicht. Ein so hohes Alter glaubte ich für eine Gattung aus der Gruppe der echten Camponotinen nicht ohne Weiteres annehmen zu dürfen und hatte mir viel Mühe gegeben, um eine Erklärung dieser geographischen Verhältnisse zu finden, als ich von einer der chilenischen Arten das ♂ kennen lernte, welches mir durch die mächtig ausgebildeten Copulationsorgane durchaus nicht *Lasius*-artig vorkam. Die generische Stellung wurde dadurch in Frage gestellt, was mich veranlasste, die chilenische und die neuseeländische Art zu zergliedern, um den Pumpmagen zu untersuchen: es ergab sich, dass dieses Organ nicht wie bei *Lasius*, sondern wie bei *Plagiolepis* gebaut ist. Die fraglichen Arten sind daher überhaupt nicht mit *Lasius* verwandt, sondern sie gehören zur sonst australischen Gattung *Melophorus*. — Nach dem Gesagten halte ich *Lasius* für eine typisch arktische Gattung, deren südliche Ausläufer in Asien sich nicht weiter als bis zum Himalaya erstrecken; in Südamerika und in Neu-Seeland kommt sie überhaupt nicht vor.

Wird nun angenommen, dass die im Gebiet der Archiplata lebenden Ameisengattungen *Pogonomyrmex*, *Dorymyrmex* und *Forelius* nicht zur alttertiären Fauna jenes Festlandstückes gehören, sondern von Nordamerika her im Pliocän eingewandert sind [1]), so bleibt (abgesehen

---

1) Manche Species anderer Gattungen dürfen wohl dieselben Wanderungen gemacht haben. Der von mir jüngst beschriebene *Camponotus borellii* aus Argentinien ist mit den nordamerikanischen *C. mac-cooki* und *vicinus* sehr nahe verwandt und vielleicht vom Norden gekommen. Vielleicht sind auch andere (ob alle?) südamerikanische Unterarten von *C. maculatus* nördlichen, resp. indischen Ursprungs!

von der Ponerinen-Gattung *Heteroponera* mit nur 1 Species) überhaupt keine für jene Fauna eigene Ameisengattung übrig. Die Ameisenfauna von Archiplata war vermuthlich ebenso arm wie die neuseeländische und bestand vielleicht einzig und allein aus Ponerinen, *Melophorus*, *Monomorium* und Dacetoninen, wobei ich die nahe Verwandtschaft des südbrasilianischen Genus *Acanthognathus* mit dem neuseeländischen *Orectognathus* hervorheben will. Diese Fauna wurde ostwärts der Anden von den dahin strömenden archiguianischen und nordamerikanischen Ameisen überschwemmt und erhielt sich in Chile, wenn auch nicht unvermischt, doch reiner fort.

Auch die Ameisenfauna Australiens dürfte zur Zeit der Abtrennung jenes Continents hauptsächlich aus Ponerinen und wenigen Myrmicinen-Gattungen, wie *Sima*, *Monomorium* und *Podomyrma* bestanden haben. Auch *Melophorus* ist gewiss eine echte australische Gattung; sonst dürften sämmtliche Camponotinen, welche mit wenigen Ausnahmen entschieden indische Affinitäten aufweisen, und wohl auch *Meranoplus* und die nicht sehr zahlreichen *Pheidole* und *Cremato-gaster* später nach und nach auf dem Wege des Malayischen Archipels eingewandert sein [1]). Ob die Dolichoderinen Australiens, wie ich vermuthe, zur Urfauna dieser Region gehören oder nicht, möchte ich unentschieden lassen. Bemerkenswerth scheint mir der Umstand, dass die gegenwärtig nur in Australien und Neu-Caledonien lebende Gattung *Leptomyrmex* im sicilischen Bernstein gefunden worden ist. *Dolichoderus*, *Iridomyrmex*, *Tapinoma*, *Bothriomyrmex* sind jetzt weit verbreitet.

Die Ameisenfauna, welche die diprotodonten Beutelthiere auf dem australischen Ende Südamerikas, v. JHERING's Archiplata, begleitete,

---

[1]) Dass viele Species erst in neuerer Zeit vom indischen Gebiet nach Australien eingewandert sind, oder umgekehrt, beweist die sehr nahe Verwandtschaft mancher *Polyrhachis*- und *Camponotus*-Arten Australiens mit malayischen, so z. B.: *P. guerini* Rog. mit *latifrons* Rog., *P. relucens* Latr. und var. *hector* F. Sm. mit *mayri* Rog., *C. maculatus-novaehollandiae* Mayr mit *C. maculatus-mitis* F. Sm. und die Identität anderer, wie *P. rastellata* Latr. Sonst sind aber die Ameisen Australiens noch zu wenig bekannt und eine gründlichere Erforschung jenes Festlandes sehr zu wünschen. — Eine continentale, wenn auch indirecte Verbindung mit Südasien ist durch die Anwesenheit von *Aenictus* in Queensland angedeutet (vergl. oben S. 348 Anm.) Sind die Anschauungen Hedley's richtig, so dürfte diese Gattung in Neu-Guinea vorkommen und zum papuanischen Theil der australischen Fauna gehören.

dürfte der damaligen Fauna Australiens und Neu-Seelands ähnlich gewesen sein und wie diese hauptsächlich aus Ponerinen und Myrmicinen bestanden haben, welchen sich auch noch Dolichoderinen und wenige niedere Camponotinen hinzugesellten.

Nach diesem Excurs kehre ich auf die nordamerikanischen Ameisen zurück. Die jetzige Ameisenfauna von Nordamerika kann in folgende Bestandtheile zerlegt werden:

A. Mesozoische Urfauna [1]).
   a) Die meisten Ponerinen: *Stigmatomma, Ponera, Proceratium? Sysphincta? Discothyrea, Leptogenys.*
   b) Einige Myrmicinen: *Strumigenys, Monomorium, Leptothorax?*
   Die Myrmicinen: *Stenamma, Pheidole, Solenopsis, Crematogaster* sowie die Camponotinen: *Prenolepis, Camponotus* sind wahrscheinlich sehr alt, aber jedenfalls viel minder primitiv als die oben aufgeführten Ponerinen.

B. Zur arktischen (holarktischen) Fauna gehörig.
   a) Mit paläarktischen Formen verwandt:
   Ponerinen: *Ponera coarctata, trigona* und *gilva.*
   Myrmicinen: *Myrmica, Messor, Aphaenogaster, Stenamma, Leptothorax* (zum Theil), *Formicoxenus, Tomognathus, Myrmecina, Monomorium minutum, Crematogaster lineolata* und Verwandte (Arten von *Solenopsis?*).
   Dolichoderinen: *Dolichoderus, Liometopum, Tapinoma.*
   Camponotinen: *Lasius, Formica, Polyergus, Myrmecocystus, Camponotus herculeanus* und Verwandte, *C. marginatus* (die Unterarten von *C. maculatus?*), *C. (Colobopsis) impressa (Prenolepis imparis?), Leptothorax*-Arten.
   b) Speciell nearktisch:
   Lasius (subg. *Acanthomyops*), *Leptothorax* (subg. *Dichothorax* und andere), *Epoecus*; ? *Pogonomyrmex, Dorymyrmex, Forelius* (ob aus Archiplata?)

---

[1]) Die Aufführung eines Gattungsnamens unter dieser Rubrik soll nur bedeuten, dass die betreffende Gattung zur mesozoischen Weltfauna zu gehören scheint, nicht aber, dass sie schon zu jener Zeit in Nordamerika lebte.

C. Neotropischer Herkunft (aus Archiguiana).
: Dorylinen: *Eciton.*
: Ponerinen: *Odontomachus, Pachycondyla* (einzelne Arten von *Ponera, Leptogenys?*).
: Myrmicinen: *Pseudomyrma, Cryptocerus, Atta; Xenomyrmex,* sämmtliche *Pheidole*-Arten, *Crematogaster minutissima* und *missouriensis* (Arten von *Solenopsis?*).
: Dolichoderinen: *Azteca* kommt in Mexico vor und dürfte in Texas kaum fehlen.
: Camponotinen: *Brachymyrmex? Camponotus abdominalis, senex, mina, fumidus, socius* und andere. Einige *Prenolepis*.

D. In neuerer Zeit (durch den Handel) eingeführt.
: *Tetramorium caespitum, T. guineense; Monomorium pharaonis, floricola; Pheidole megacephala? Prenolepis fulva, longicornis; Plagiolepis longipes.*

Durch diese Tabelle sind die Resultate der vorangehenden Erörterung, soweit sie sich auf Nordamerika bezieht, in übersichtlicher Form dargelegt. Es bleiben aber noch viele Fragen ungelöst oder zweifelhaft. Manche werden wohl später in ein besseres Licht kommen, wozu eine gründlichere Kenntniss der exotischen Faunen von grossem Werth, eine von Specialisten durchgeführte Bearbeitung der gegenwärtig noch sehr schlecht bekannten fossilen Ameisen geradezu nothwendig sein dürfte.

Erklärung der Abbildungen.

Tafel 8.

Fig. 1. *Sysphincta melina*, ♂, von der Seite.
Fig. 2. *Sysphincta melina*, ♀, von der Seite.
Fig. 3. *Sysphincta melina*, ☿, von der Seite.
Diese 3 Abbildungen sind nach den Originalexemplaren des k. Museums für Naturkunde in Berlin gezeichnet. Am Thorax des ♀ und des ☿ ist der durch die Nadel entstandene Riss schwarz dargestellt.
Fig. 4. *Sysphincta pergandei*, ☿, von der Seite.
Fig. 5. *Proceratium croceum*, ☿. Exemplar der Coll. MAYR; von der Seite.
        5a. Fühlergeissel, stärker vergrössert.
Fig. 6. *Proceratium croceum*, ♀, aus der Coll. MAYR.
        6a. Fühlergeissel, stärker vergrössert.
Fig. 7. *Proceratium silaceum*, ☿, Profil des Thoraxrückens und des Abdomens.
        7a. Fühlergeissel, stärker vergrössert.
Fig. 8. *Proceratium silaceum*, ♀, aus der Coll. MAYR, von der Seite.
        8a. Fühlergeisel, stärker vergrössert.
Fig. 9. *Proceratium crassicorne*, ☿, von der Seite.
        9a. Fühlergeissel, stärker vergrössert.
Fig. 10. *Ponera gilva*. Thorax und Stielchen von der Seite; nach einem Originalexemplar.
Fig. 11. *Epoecus pergandei*, ♀, mit 12gliedrigen Fühlern; von der Seite.
Fig. 12. *Epoecus pergandei*, ♂, mit 12gliedrigen Fühlern; von der Seite; die Flügel sind nicht gezeichnet.
Fig. 13. *Leptothorax (Dichothorax) pergandei*, ☿, von der Seite.
        13a. Fühlergeissel, stärker vergrössert.
Fig. 14. *Leptothorax tricarinatus*, ☿, Stielchen von der Seite.
Fig. 15. *Leptothorax andrei*, ☿ Stielchen von der Seite.
Fig. 16. *Leptothorax nitens*, ☿, Stielchen von der Seite.
Fig. 17. *Strumigenys pergandei*, Kopf des ☿.
        17a. Rand des Clypeus und Mandibeln.
        17b. Eine Mandibel von unten; stärker vergrössert.
Fig. 18. *S. pergandei*, ♂, Mandibeln.

Fig. 19. *S. pulchella*, Kopf des ☿.
     19 a. Rand des Clypeus und Mandibeln.
     19 b. Eine Mandibel, isolirt, mehr von innen gesehen; stärker vergrössert.
Fig. 20. *S. ornata*, Kopf des ☿.
     20 a. Clypeus und Mandibeln, stärker vergrössert.
Fig. 21. *S. clypeata*, ☿, eine Mandibel.
Fig. 22. *S. clypeata*, ♂, eine Mandibel.
Fig. 23. *S. rostrata*, ☿, Kopf.
     23 a. Eine Mandibel, isolirt; stärker vergrössert.
Fig. 24. *S. rostrata*, ♂, Mandibel.

N.B. Die Figg. 1—9 sind mit gleicher Vergrösserung gezeichnet. Ebenso sind die Figg. 5 a, 6 a, 7 a, 8 a, 9 a gleichmässig, aber stärker vergrössert als die vorigen.

Das Gleiche gilt für die *Strumigenys*-Köpfe in Fig. 17, 19, 20, 23, sowie für die Mandibeln der ♂♂ in 18, 22, 24 und die Stielchen-Profile von *Leptothorax*, Fig. 14—16.

Dadurch wird die Vergleichung der abgebildeten nahe verwandten Arten und die Benutzung der Figuren zur Bestimmung wesentlich erleichtert.

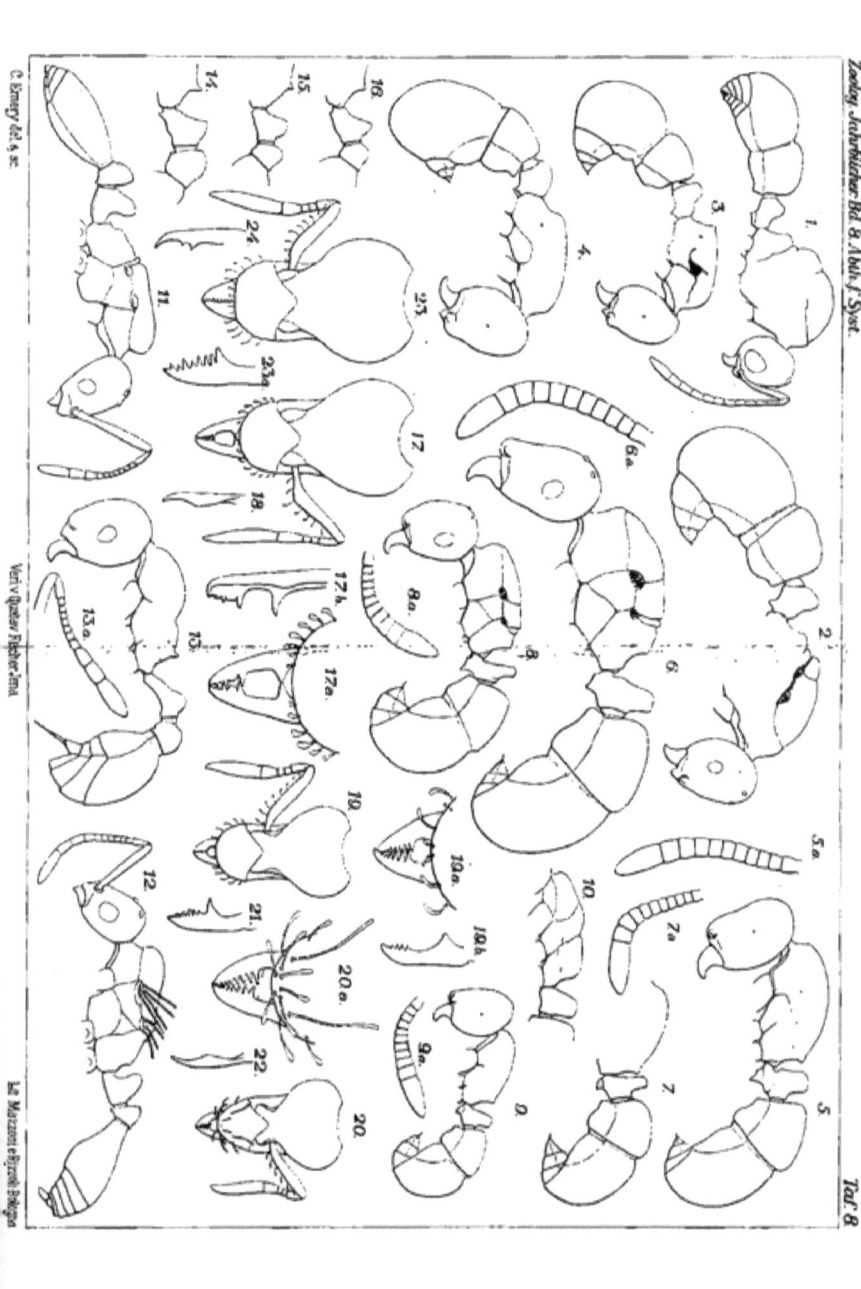

www.ingramcontent.com/pod-product-compliance
Lightning Source LLC
Chambersburg PA
CBHW030907170426
43193CB00009BA/765